KB013715

빛깔있는 책들 ●●●
60

전통 음식

글·사진 | 한복진

대원사

저자 소개

한복진

이화여자대학교 가정대학을 졸업했으며 고려대학교 식량개발 대학원에서 식품공학을 전공했다. 중요 무형 문화재 38호 '조선왕조 궁중음식'을 전수했으며 일본 조리사 전문대학 교수를 지냈다. 현재 춘천전문대학 전통조리학과 교수이며 궁중음식연구원 강사로 있다.

빛깔있는 책들 201-1

전통 음식

차 례

사진으로 보는 전통 음식

우리 식생활에서 기본이 되는 장은 때가 되면 어느 집에서나 빠뜨리지 않고 만들었던 음식이다. 여러 가지 장을 제가끔 독에 담아서 햇볕이 잘 드는 곳에 두는데 장맛이 변하면 집안에 불길한 일이 생긴다고 믿어 주부들은 장독대의 관리에 정성을 다했다. 그래서 부정한 것을 막는다는 뜻으로 금줄에 버선과 고추를 매달아 놓는 풍습이 있었다. (앞쪽)

연자방아　우리나라 사람들은 예부터 곡식을 거의 모든 음식의 재료로 사용하였다. 곡물로 만든 음식은 주식이 되는 밥을 비롯하여 떡, 과자, 술에 이르기까지 그 종류가 매우 다양하다. 연자방아는 곡식을 찧을 때에 쓰던 기구로 소가 방아를 끌면 큰 돌이 구르며 방아질을 한다.

시루 선사 시대의 시루이다. 이때에는 요즈음처럼 쌀에 물을 붓고 끓여서 밥을 짓지 않고 쪄서 조리하였던 것 같다.

팥밥 팥밥은 우리나라 사람들이 쌀밥과 더불어 가장 즐겨 먹는 잡곡밥이다. 쌀과 팥을 섞어 짓기도 하고 팥을 삶은 물만으로 짓기도 한다. (위)
장국죽 죽은 곡류로 만드는 유동식 음식으로 이른 아침에 내는 초조반상에 많이 올렸고 요즈음에는 별미로 즐기는 음식이다. 넣는 재료에 따라 이름이 달라지는데 장국죽은 흰죽에 쇠고기 완자를 넣고 끓인 것이다. (아래)

유동식 음식은 물의 양에 따라 이름이 다르다. 죽보다 묽은 것을 미음, 미음보다 묽은 것을 응이라고 한다. 죽을 내는 상차림은 반상보다 간단하다. 죽이나 미음이나 이를 대접이나 합에 담고 덜어 먹을 공기와 수저를 놓는다. 조미에 필요한 간장이나 소금과 함께 찬으로 국물 김치, 젓국김치, 마른찬 따위를 낸다.

냉면 날씨가 추운 북쪽 지방에서 즐겨 먹는 음식이다. 메밀가루로 국수를 만들어 찬 육수나 동치미 국물에 말아 먹는다. (위)
회냉면 국물 없이 고기나 생선회를 고명으로 얹어 얼큰하게 비벼 먹는 냉면이다. (아래)

칼국수 곡류로 만드는 음식 가운데 하나인 국수의 종류로는 밀가루로 만든 밀국수와 메밀로 만든 메밀국수 그리고 녹말국수가 있다. 칼국수는 집에서 쉽게 만들어 먹을 수 있는 별미이다. 밀가루나 메밀가루를 반죽하여 얇게 민 다음 칼로 썰어 장국에 끓인다.

만두 만두는 북쪽 지방에서 즐겨 먹는 음식이다. 만두는 껍질의 재료와 소에 따라 종류가 다양하고, 지방에 따라 생김새도 조금씩 다르다.

떡국 흰떡을 타원형으로 어슷하게 썰어 육수에 넣고 끓이면 떡국이 된다. 지방에 따라 가루를 반죽하여 빚어서 끓이기도 하고 가늘게 썬 흰떡을 대칼로 누에고치처럼 만들어 끓이기도 한다. 어느 지방에서나 정월 초하룻날이면 떡국을 끓여 조상께 차례를 지내고 그것으로 새해의 첫 식사를 하였다.

꼬리곰탕　탕은 국물 음식이다. 우리 식생활은 밥이 주식이지만 국도 거의 빠지지 않고 끼니마다 밥상에 오른다. 소의 꼬리로 만든 것으로 밥을 말아 먹는 탕반이다. 비슷한 탕반류로 설렁탕, 갈비탕 따위가 있다.

완자탕 맑은 쇠고기 장국에 고기완자를 빚어서 넣은 것으로 교자상에 어울리는 탕이다. (왼쪽)

북이탕 북이를 고기장국에 넣어 끓인 것으로 시원한 맛이 난다. (오른쪽)

각색전골 전골이란 각각 색이 다른 재료를 합이나 그릇에 담고 상 옆에서 볶아 먹는 음식이다. 쇠고기와 각색의 채소들을 어울리게 담아 놓은 각색 전골이다.

송이전골 가을철에 많이 먹는다. 송이버섯을 납작하게 썰어 조갯살, 쇠고기와 같이 넣고 만든다. 맛이 담백하고 송이의 향이 독특하다

냉이토장국 국은 크게 장국, 토장국, 곰국, 냉국으로 나뉜다. 국에는 육류는 물론이고 어패류, 채소류, 해조류 같은 재료를 거의 다 쓴다. 쌀뜨물에 된장을 풀고 봄철에 나는 냉이와 함께 끓인 토장국이다.

조기국 육수에 조기를 토막 내어 넣고 청장으로 간을 하여 맑게 끓인 다음 쑥갓, 파 따위를 띄운다. (위)
미역냉국 여름철에 많이 즐기는 냉국으로 생미역을 살짝 데쳐서 간장, 식초 따위로 양념한 다음 냉수를 붓는다. (아래)

된장찌개　된장찌개는 우리나라 사람들이 가장 좋아하는 토속적인 맛이 나는 음식이다. 토장국과 마찬가지로 맹물보다 쌀뜨물로 끓이면 맛이 더 좋다.

갈비찜 찜은 국물을 적게 하고 뭉근한 불에서 오래 익혀 재료를 연하게 하는 조리법이다. 쇠고기 가운데에서도 질긴 부위에 드는 갈비는 간을 약하게 해서 오랫 동안 끓이면 맛 좋고 연한 갈비찜이 된다. (위)

도미찜 도미의 등에 칼집을 내어 그 안에 양념한 쇠고기를 채워 넣고 찐다. (아래)

장조림 밥상에 오르는 찬의 가장 흔한 조리법 가운데 하나는 조림이다. 장조림은 소의 사태나 홍두깨살, 우둔 따위를 덩어리째 무르도록 삶은 다음 간장에 조린 것으로 오랫 동안 저장해 두고 먹을 수 있는 좋은 밑반찬이다.

멸치조림 멸치와 풋고추를 약간 짜게 간하여 볶은 것이다.

녹두빈대떡 녹두를 갈아 고기와 나물을 섞어서 번철에 누릇하게 지진다. 녹두빈대떡은 평안도 지방에서 가장 즐겨 먹는 음식이다.

전유어 전유어는 기름을 많이 쓰는 음식으로 어느 상차림에나 빠지지 않고 올린다. 보통 한 가지 재료로만 하지 않고 세 가지나 다섯 가지를 준비하여 어울리게 담는다.

화양적 화양이란 도라지를 말한다. 도라지, 쇠고기, 지단, 오이 따위를 익혀서 대꼬치에 꿴다.

떡산적 흰떡과 실파와 쇠고기를 번갈아 대꼬치에 꿴 다음 양념간장으로 간을 하여 굽는다.

청어구이 청어는 동해안에서 많이 잡히는 생선이다. 소금을 뿌려서 굽거나 양념간장을 발라 굽는다. (위)
더덕구이 향기가 좋은 더덕을 방망이로 자근자근 두들겨 펴서 고추장 양념을 발라 굽는다. (아래)

김부각, 다시마부각 부각은 재료를 그대로 말리거나 풀칠을 하여 바싹 말렸다가 그때그때 튀겨서 먹는 밑반찬이다. 제철이 아닐 때에 별미로 먹을 수 있다. (위)
김구이 김에 기름을 발라 바삭하게 구워서 먹기 편하도록 잘라 놓는다. (아래)

정월 대보름에는 오곡밥과 아홉 가지의 묵은 나물을 먹으면서 한 해 내내 병이 없이 잘 지내기를 기원한다. 또 보름날 아침에는 부럼이라 하여 껍질이 단단한 밤, 잣, 호두, 땅콩 같은 것을 깨물면 부스럼이 생기지 않는다고 믿었다.

산나물 나물은 반찬 가운데 가장 기본적이고 대중적인 우리 음식이다. 산나물은 대개 쓴맛과 함께 독특한 향이 나는데 무칠 때 고추장이나 된장을 약간 넣으면 맛이 더 좋다.

도라지생채　생채는 채소를 익히지 않고 초장이나 초고추장이나 겨자장에 무친 것을 말한다. 도라지를 가늘게 갈라 소금으로 주무른 다음 신맛이 나는 초고추장에 무친다.

탕평채 녹두로 만든 청포묵과 쇠고기볶음, 채소를 한데 넣어 초간장으로 무친 것이다. (위)

잡채 고기와 채소 볶은 것을 삶은 당면과 함께 고루 무친다. (아래)

두부선, 오이선 선이란 찜과 비슷한 조리법인데 재료로 식물성 식품을 많이 쓴다. 두부는 으깬 다음 양념하여 찌고, 오이는 칼집을 내어 소를 채운 다음 찐다.

미나리강회 미나리를 데쳐서 가운데에 지단과 편육을 놓고 만다. 초고추장을 찍어 먹는다. (왼쪽)
갑회 소의 내장으로 만든 회이다. 양, 처녑, 간을 얇게 저며서 양념을 섞은 소금이나 참기름을 찍어 먹는다. 회는 무엇보다도 신선함이 가장 중요하다. (오른쪽)

사각반에 차린 칠첩 반상이다. 첩수에 드는 반찬은 숙채, 생채, 구이, 조림, 전, 마른 반찬, 회이다.

밥과 국, 김치를 기본으로 차리는 밥상을 반상이라고 하는데 쟁첩에 담는 찬품의 가짓수에 따라 삼첩, 오첩, 칠첩, 구첩, 십이첩 반상으로 나뉜다. 기본이 되는 밥, 국, 김치, 장 이외에 반찬 세 가지를 더 올린 삼첩 반상이다.

국수를 주식으로 한 면상이다. 찬으로 배추김치, 편육, 회, 전 따위를 준비하고 후식도 같이 올린다. (왼쪽 위)
이른 아침에는 죽상을 올린다. 물김치, 마른찬 따위를 놓고 덜어 먹을 그릇과 간을 맞출 소금이나 청장을 놓는다. (왼쪽 아래)
구첩 반상이다. 민가에서는 살림이 아무리 넉넉해도 구첩 반상까지만 차릴 수 있었으며 십이첩 반상은 궁중에서만 차렸다. (오른쪽)

술을 대접하기 위해 차린 주안상으로 술과 함께 마른안주, 육회, 장김치, 빈대떡 따위를 안주로 마련했다.

국수를 주식으로 한 면상으로 임매상이라고도 한다.

교자상 집안에 경사가 있을 때에 여러 사람이 함께 둘러앉아 식사할 수 있도록 차려 놓은 큰 음식상이다. 보통 한 상에 네 명이 앉을 수 있도록 차리는데 주식은

계절에 따라 냉면, 온면, 떡국, 만두 가운데 하나로 하고 탕, 찜, 전유어, 적, 회, 신선로 같은 찬을 놓는다.

수라상 궁중에서 평상시에 임금에게 올리는 아침과 저녁상이다. 대원반, 소원반, 사각반의 세 가지 상에 차리는데 기본찬 이외에 찬 열두 가지를 놓는 십이첩 반상이다.

전골상 곁반에 전골 재료들을 준비해 놓고 화로에 전골틀을 얹어 음식을 익히면서 먹는다.

도미면 도미에 당면을 들여 만든 생선의 일종이다. 도미의 내장을 빼낸 다음 지져서 고기완자, 버섯, 계란지단, 미나리 들과 같이 전골틀에 담고 육수를 부어 끓인다. (왼쪽)

신선로 궁중 음식 가운데 하나인 신선로는 입을 즐겁게 해 준다는 뜻으로 열구자탕(悅口子湯)이라고도 한다. 신선로틀에 육류, 해산물, 채소 따위를 색스럽게 돌려 담고 장국을 부어 끓이면서 먹는다. 흔히 신선로를 전골류로 아는데 본디는 탕류에 속한다. (오른쪽)

김장이 끝나면 메주를 쑤어서 따뜻한 방에 두었다가 말린다.

잘 말린 메주로 우리 식생활에 빠뜨릴 수 없는 양념인 간장과 된장을 만든다. 체에 굵은 소금을 담고 위에서 물을 뿌려 소금물(물 1말에 소금 2되)을 만든다. (위)
소금물에 메주를 넣는다. 사십 일쯤 지나서 장맛이 들면 간장은 고운 체에 밭여 다른 독에 채우고, 메주는 건져서 으깨 된장을 만든다. (아래)

고추장을 만들 때 필요한 고추장용 메주, 찹쌀가루, 엿기름, 메줏가루, 고춧가루, 소금 같은 재료들이다.

장을 담그는 일은 옛날부터 한 해의 가장 중요하고 큰일 가운데 하나였다. 기본이 되는 장류인 간장(진장, 청장), 된장, 고추장과 새우젓, 호렴, 고운소금 들이다.

음식에 양념을 하는 것은 간이 없는 식품에 간을 하고 맛을 줌으로써 맛있게 먹을 수 있도록 하는 것이니 음식을 잘한다는 것은 곧 양념을 적절히 쓴다는 것과 같다고 할 수 있다. 마늘, 파, 생강, 고춧가루, 소금, 깨소금, 고추장, 식초, 후춧가루, 참기름 같은 한국인의 식생활에서 빠뜨릴 수 없는 여러 가지 양념들이다.

고추는 임진왜란 때에 우리나라에 들어와 지금은 우리나라 음식의 특징 가운데 하나인 매운맛을 내 주는 대표적인 양념이 되었다. 고춧가루로 만들어 고추장과 김치를 담글 때에 쓰기도 하고 실고추로 만들어 매운맛을 내거나 고명으로 쓰기도 한다.

고춧가루말고 매운맛을 내는 양념으로 겨자가루, 후춧가루, 천초 따위가 있다.

고명은 맛과는 상관없이 음식의 모양과 빛깔을 곱게 하여 식욕을 돋우는 역할을 한다. 오행설에 따라 흰색, 노란색, 빨간색, 검정색, 녹색의 자연색을 쓰는데 흰색과 노란색은 계란, 빨간색은 고추, 검정색은 석이버섯이나 표고버섯, 녹색은 미나리, 호박, 오이, 파잎 따위로 낸다.

여러 가지 고명 (위)
오색채 고명 (가운데)
계란 고명 (아래)

바닷게장 싱싱한 꽃게를 토막내어 양념장에 버무린다. 저장 기간은 이틀쯤이다. (왼쪽 위)

게장 민물게에 간장을 부어 오랫 동안 두고 먹는다. (왼쪽 아래)

대구아가미젓 대구아가미를 소금으로 절여 만든 젓갈로 잘 삭으면 잘게 썰어 갖은 양념을 한다. (위 왼쪽)

어리굴젓 굴을 고운 고춧가루, 파, 마늘, 소금 따위로 양념한 다음 잘 삭힌다. 충청도 서산의 명물이다. (위 오른쪽)

무말랭이장아찌 장아찌는 제철에 많이 나는 채소나 쓰다 남은 음식 재료들을 오래 저장하여 두고 먹을 수 있도록 간장, 고추장, 된장 또는 식초에 담가 놓은 것이다. 무를 길게 썰어 말려서 만든 장아찌로 참기름, 설탕, 깨소금 따위로 조미했다.
오이갑장과 오이를 절였다가 볶은 장아찌로 갑자기 만든다 하여 갑장과라는 이름이 붙었다.

마늘장아찌 (위)
고추장아찌 (아래)

김치는 부식 가운데에 가장 기본이 되는 찬으로 김치를 뺀 식생활은 생각할 수 없다. 김치는 소금에 절이는 염장법을 이용하여 적당히 발효시킨 것으로 독특한 신맛이 식욕을 돋운다. (왼쪽)

장김치 간장으로 간을 맞춘 물김치로 무, 배추, 밤, 배, 대추, 표고버섯, 석이버섯 같은 다양한 재료가 쓰인다. (위 왼쪽)

씀바귀김치 씀바귀를 소금물에 삭힌 다음 멸치젓국에 고춧가루와 양념을 넉넉히 넣어 담근다. (위 오른쪽)

백김치 고추를 전혀 넣지 않은 김치로 배추 속에 채우는 소에 밤, 배, 대추채 따위를 섞는다. (아래)

정월 초하루에 세배 온 손님에게 대접하는 상차림으로 떡국과 함께 전, 적, 찜, 과일 그리고 한과까지 음식을 푸짐하고 정성스럽게 마련한다.

폐백은 신부가 신랑의 부모님께 인사를 드리고 나서 처음 드리는 음식으로 내용은 가풍이나 지방에 따라 다르다. 서울에서는 폐백 음식으로 대추를 붉은 실에 꿰어 둥글게 돌려 담고 고기를 다져 편포나 장포를 만든다.

지방에 따라서는 육포 대신에 닭을 통째로 쪄서 지단과 색으로 장식하기도 한다. 폐백 음식은 청·홍보자기에 싸는데 대추는 자손 번영을 상징하므로 붉은색이 겉에 오도록 싼 다음 묶지 않고 근봉을 고리로 만들어 싼다.

전통 음식

식생활사

한반도에서는 기원전 6000년쯤부터 빗살무늬 토기의 신석기 문화가 싹트고 있었다. 이때의 신석기인들은 고기잡이와 사냥을 주로 하다가 후기에는 원시 농경 생활로 점차 바뀌게 되었다. 빗살무늬 토기인에 이어 북방 유목민들이 청동기를 가지고 이 땅에 들어와 원주민들과 어울려서 우리 민족의 원형인 맥족(貊族)이 형성되고, 이들이 고조선을 만들었다.

우리나라에서 벼의 재배가 시작된 것은 기원전 1500년에서 2000년쯤부터이며, 패총의 발굴로 어패류도 채취하여 먹었음을 알 수 있다. 그 당시 우리 조상들은 곡식을 토기 시루에 술밥처럼 쪄서 먹다가 나중에 토기 솥을 만들어 물을 붓고 끓여서 죽과 밥을 지어 먹었다. 또 곡식을 돌절구나 맷돌에 갈아 가루로 만들어 토기 시루에 쪄서 떡의 형태로 조리하기도 하였다. 밀도 가루로 빻아서 국수나 수제비 같은 형태로 조리하였고, 소금과 기름을 사용할 줄 알았다. 중국의 문헌은 고구려 사람들이 장, 젓갈, 김치, 술 같은 발효 식품을 잘 만들었다고 전한다.

삼국 시대에 들어와서는 철기 문화가 발달하였으며 이에 따라 농경의 생산 기술이 혁신되었고, 벼농사도 크게 보급되었다. 수렵은 쇠퇴하였으나 범, 소, 물소, 여우, 토끼, 이리, 비둘기, 까치, 꿩, 갈매기, 까

마귀 같은 짐승들을 먹었다는 기록이 있고 소, 돼지, 닭, 양, 염소, 거위, 오리 들을 집에서 길렀다.

배 짓는 기술이 발달하여 먼 바다까지 고기잡이를 갈 수 있게 되자 물고기와 해조류를 먹기 시작했는데, 날로 먹기도 하였고 구워서 먹기도 하였다.

고려 시대에는 중농 정책을 실시하여 농기구를 개량하고 곡식을 비축하여 곡가를 조절하였으며 양곡의 수확도 크게 늘었다. 제주도에 목장을 개설하여 말은 전쟁용과 운반용으로 쓰고, 소는 농경에 사용하였다.

고려 초기에는 살생을 금하고 육식을 절제하였으나 몽고의 지배를 받게 되면서부터 육식의 풍습이 다시 살아나 양고기, 돼지고기, 닭고기, 개고기 같은 것을 먹게 되었다. 요즈음의 버터와 비슷한 유락, 치즈와 비슷한 낙소 같은 유가공품도 먹었다. 소금, 엿, 식초를 사용하였으며 설탕과 후추를 중국에서 수입하여 사용하였다.

곡물 음식은 밥, 잡곡밥, 팥죽, 설기떡 들을 해먹었으며 특히 율고,(밤떡)가 유명하다. 국수, 만두, 상화, 유과(강정, 산자), 유밀과(약과), 다식 같은 음식의 조리법이 다양해졌으며 두부와 콩나물을 만들게 되었다. 간장과 된장 그리고 술을 담글 줄 알게 되었고 차를 마시는 습관과 함께 화채, 숭늉, 꿀물 같은 마실거리도 많아졌다. 고려 후기에는 육류 음식이 발달하였으며 식품이 다양해지고 모든 조리법이 완성되는 단계에 이르렀다.

조선 시대에는 농경을 중시하여 곡식과 채소의 생산이 늘어났고, 품질 개선이 이루어졌으며, 농업에 관한 서적도 많이 보급되었다.

음식은 가정 음식이 주가 되어 손님 대접도 가정에서 이루어졌다.

그러다가 간단한 주점 같은 음식점과 식료품상이 나타나기 시작했다. 조선 시대의 음식은 궁중 음식, 반가 음식, 상민 음식이 저마다 다른 특색을 가지고 전체적으로 한국 음식의 수준을 높이는 데 이바지하였다.

식생활 문화가 발달하면서 반가에서 음식 만드는 조리서가 나오고 상차림의 구성법이 정착되었다. 또 그릇과 조리 기구와 상은 공예 미술품으로 손색이 없을 만큼 높은 경지에까지 이르렀다. 상차림과 식사 예법이 잘 다듬어져서 의례 음식의 차림새나 명절 음식의 종류가 전국적으로 통일되었으며, 네 계절이 뚜렷하여 시식과 절식도 다양해졌다.

우리나라 음식의 상차림은 어른을 존대하는 관습으로 큰 상에 많은 음식을 차려 먼저 웃사람이 먹고 난 뒤에 아랫사람에게 물린다.

그동안은 모든 문화가 대륙에서만 들어왔으나 조선 시대에는 일본과 남방으로부터 고추, 호박, 고구마, 감자 같은 새로운 식품이 들어오기도 하였다. 한국 음식의 매운맛을 내는 데 꼭 필요한 고추는 17세기쯤에 정착되었다.

원양 어업의 발달로 새로운 어류가 늘어나고, 건조법과 염장법으로 식품의 유통도 쉬워졌다. 술 양조는 다양해졌으나 차 마시는 풍습은 유교 숭상 정책으로 쇠퇴하게 되었다.

조리법은 고려 시대의 것을 그대로 이어받아서 17세기를 즈음해서 한국의 조리법이 고유하게 다듬어지고 식생활의 틀이 잡혔다.

한국 음식은 한방의학을 기초로 한 것이 많이 있고, 음양설과 오행설을 반영시키기도 하였다.

산물과 특징

우리나라는 쌀 농사에 적합한 천혜의 조건을 가지고 있다. 따라서 곡물 가운데 쌀을 가장 많이 생산하며 도별로 살펴보면 전남, 충남이 가장 많고 그 다음으로 경북, 전북, 경기, 경남 순이다.

넉넉한 곡식과 해산물

보리는 쌀 다음으로 많이 생산하며, 주요 생산지는 전남과 경북이다. 밀은 평남과 함남 이남의 산간 지역을 빼놓고는 거의 모든 지역에서 재배하고 있다.

조, 수수, 옥수수, 메밀 같은 곡식도 재배하나 생산량은 그리 많지 않다. 감자는 쌀, 보리와 더불어 우리나라 여러 지역에서 널리 재배하는 작물이며 기후가 온난한 전라도와 제주도에서는 고구마 재배가 활발하다.

삼면이 바다인 한반도는 동해에서 난류와 한류가 교차하여 좋은 어장을 이룬다. 남해와 서해안은 섬이 많고 수심이 낮아 해산물이 풍부하다.

동해는 명태, 대구, 청어의 큰 어장으로 그 가운데에서도 명태가 최대의 어획고를 올린다. 동해의 남쪽으로 내려오면 난류계의 고등어,

정어리, 도미 들도 잡힌다.

남쪽의 다도해와 서해안은 복잡하고 낮은 해안이나 만을 이용하여 양식업이 성하고, 전라 지방이 중심이 되어 김과 굴을 생산한다.

또 서해의 연평도를 중심으로 한 경기도와 황해도에서는 조기가 많이 잡힌다.

한반도에서 가장 흔한 과일은 사과인데 평남, 황해, 강원, 경상도를 비롯한 전 지역에서 재배하고 있으며 감귤은 제주도가 주된 생산지이다.

음식의 특징

우리나라의 전통 음식을 살펴보면 가까이에 있는 아시아의 여러 나라들과 문화 교류가 활발하게 이루어졌음을 알 수 있다. 곧 중국과 일본의 식생활과 견주어 보면 공통점을 발견할 수 있으며 그 뒤로 저마다 특색을 살려 발전해 나갔다. 한국 음식에서 전통이 그대로 이어져 내려온 것은 향토 음식, 혼인 음식, 절식(節飾), 제사 음식 들로 가정에서 할머니, 어머니, 며느리로 이어지는 가전 (家傳)의 음식 솜씨였다. 그러나 요즈음에는 집안에서 솜씨를 물려받을 기회가 줄어들었다.

한국 음식은 밥을 중심으로 하여 여기에 따르는 반찬을 먹는 것이 가장 일상적인 형태이다. 곧 국물이 많은 국과 건더기가 넉넉하고 간이 센 편인 찌개가 있으며 그 밖에 채소, 육류 들로 조리법을 달리하여 여러 가지 찬을 마련한다.

전에는 대부분 살림이 넉넉지 못하고 물자가 귀했기 때문에 육류나 어류보다는 채소를 찬거리로 많이 만들어 먹었다.

동물성 식품의 섭취 부족에서 오는 단백질 결핍은 콩을 이용하여 만든 장류와 두부로 보충하였으며 참기름, 들기름, 콩기름 같은 식물성 유지도 많이 사용하였다.

반찬의 조리법으로는 구이, 전, 조림, 볶음, 편육, 나물, 생채, 젓갈, 포, 장아찌, 찜, 전골이 있다.

김치, 장, 젓갈은 철에 맞추어 담갔다가 한 해 내내 빠지지 않고 상에 올린다.

한국 음식의 특징은 나물 요리에서 쇠고기구이까지 이른바 '갖은양념'이라고 하여 간장, 파, 마늘, 깨소금, 참기름, 후춧가루, 고춧가루가 모두 들어가는 것이다. 음식의 재료가 가지고 있는 맛보다는 여러 가지 양념을 많이 하여 생긴 새로운 맛을 즐긴다. 물론 곰국이나 영계백숙같이 소금과 후춧가루로만 맛을 내어 즐기는 음식도 많이 있다.

또 한국 음식에 쓰이는 재료의 어울림이나 조미료의 쓰임새를 보면 한방에서의 약식동원(藥食同原)의 말처럼 좋은 음식은 몸에 약이 된다는 근본 사상이 나타나 있다. 보통 음식에 한약의 재료 곧 인삼, 생강, 대추, 밤, 오미자, 구기자, 당귀 따위가 흔히 들어간다.

조선 시대의 유교 사상은 한국 음식에 큰 영향을 끼쳤다. 유교 의례를 중히 여겨서 통과 의례(通過儀禮)로 잔치나 제례 음식의 차림새가 정해졌으며 보통 때의 반상 차림도 반드시 한 사람 앞에 한 상씩 독상을 차렸다. 그리고 조반을 중요하게 여겨 요즈음까지도 생일에 손님을 아침에 대접하는 풍습이 남아 있다.

풍속에서 한국 음식의 특징을 살펴보면 철에 따른 시식(時食)과 절식(節食)이 있다. 이것은 제 철에 나는 식품으로 별미를 즐기는 풍류였다. 집안의 경사나 제사 같은 의례가 있을 때에는 음식을 풍성하게 장만하여 이웃과 친척에게 나누어 주는 아름다운 풍습도 있다.

조리법

우리 조상들은 농업과 목축을 시작하면서 음식을 끓여 먹었고 곡식을 저장하였으며 소금도 쓰게 되었다.

도구도 자연석에서 철기나 청동기로 발달하면서 토기, 도자기, 금속 그릇 들이 생겼다. 그릇이 생긴 뒤로 공동 취사와 함께 끓이는 법이 발달하였고 새로운 조리법이 생기기 시작하였다.

삼국 시대와 고려, 조선 시대를 거치는 동안 대륙의 영향을 받으면서 우리에게 맞는 조리법이 확립되었다. 전통적인 한국 음식의 가장 모범적인 형태는 궁에서 상궁들에게 전해졌다.

대표적인 음식의 조리법

밥, 국수부터 탕, 찌개에 이르기까지 우리나라의 대표적인 음식의 조리법을 알아본다.

밥

우리 식사의 주식인 밥은 주로 쌀밥이기는 하지만 잡곡밥도 즐겨 먹는다. 밥은 곡물을 물에 넣고 끓여서 수분을 충분히 흡수시켜 익힌 다음 뜸을 들인다. 밥을 지을 때에는 쌀의 종류, 양, 건조도에 따라 물의 양을 달리하고, 솥의 종류나 불의 종류에 따라 밥 짓는 시간도 달리한다.

국수

잔치나 명절 때 손님 접대용으로 교자상에 밥 대신 국수를 차리고, 보통 때에는 점심이나 간단한 식사로 차린다.

국수의 종류로는 밀가루로 만든 밀국수와 메밀로 만든 메밀국수 그리고 녹말국수가 있다. 그리고 따뜻한 국물에 마는 온면과 찬 육수나 동치미 국물에 마는 냉면이 있다. 지역에 따라 북쪽 지방 사람들은 추운 겨울에 찬 냉면을 즐겨 먹으며, 남쪽 지방 사람들은 여름에 더운 밀국수를 즐겨 먹는다.

전에는 꿩고기로 국물을 만들기도 했지만 요즈음에는 대부분 쇠고기의 양지머리나 사골을 삶아 국물을 낸다.

냉면 국수는 메밀가루를 반죽하여 국수틀에 넣어 눌러 빼고, 칼국수는 밀가루나 메밀가루를 반죽하여 얇게 밀어 칼로 썰어 만든다.

여름철 별미로 콩국을 만들어 밀국수를 말아 먹기도 한다.

만두와 떡국

만두와 떡국은 국수를 대신하여 간단한 주식으로 마련하는 음식이다. 만두는 남쪽 지방보다 북쪽 지방에서 즐기며, 남쪽 지방에서는 떡국을 즐겨 먹는다.

정월 초하루에는 병탕(餠湯)이라고 하여 떡국을 끓여 조상께 차례를 지내고, 새해의 첫 식사를 하였다. 요즘에 와서 떡국에 만두를 넣어 끓이는 떡만둣국도 생겼다.

만두는 껍질을 만드는 재료와 넣는 소에 따라 그 종류가 다양하다. 곧 밀가루로 빚은 것은 밀만두, 메밀가루로 빚은 것은 메밀만두이다. 밀만두에는 병시(餠匙)라 하여 궁중에서 둥근 만두껍질에 소를 넣고 주름을 잡지 않고 반달형으로 접어 빚는 것과 편수(片水)라 하여 네모진 껍질에 호박, 숙주 따위를 소로 넣고 각이 지게 빚는 것이 있다. 규아상이라 하여 해삼처럼 빚는 만두도 있다.

지방에 따라 평안도에서는 겨울에 김치나 배추를 소로 넣고 아기 모자처럼 둥글게 빚고, 개성의 편수는 소에 여러 가지 고기를 넣고 모자처럼 빚어 더운 육수에 넣어 익힌다.

만두는 껍질이 얇고 속이 많아야 맛이 있다. '속 먹는 만두요 껍질 먹는 송편'이란 말이 있듯이 만두 껍질은 얇게 해야 맛이 있다.

떡국은 대부분 흰떡을 만들어 타원형으로 어슷하게 썰어 육수에 넣고 끓인다. 특별히 충청도에서는 쌀가루를 반죽하여 빚어서 끓이는 생떡국을 만들어 먹고, 개성에서는 조랭이 떡국이라 하여 가늘게 만든 흰떡을 대칼로 누에고치처럼 만들어 끓인다.

죽, 미음, 응이

죽, 미음, 응이는 모두 곡류로 만드는 유동식 음식이다. 죽은 곡식의 낟알이나 가루에 물을 많이 붓고 오랫 동안 끓여서 완전히 호화시킨 것이고, 미음은 곡식을 푹 고아서 체에 밭인 것이고, 응이는 곡물을 간 다음 가라앉은 전분을 말려 두었다가 물에 풀어 쑤는 고운 죽이다. 죽보다 미음이, 미음보다 응이가 더 묽다.

죽에는 쌀을 통으로 쑤는 옹근죽과 굵게 동강나게 잘라 쑤는 원미죽, 곱게 갈아서 쑤는 무리죽이 있다.

죽을 내는 상차림은 찬이 반상과는 달리 간단하다. 죽이나 미음이나 웅이를 대접이나 합에 담고, 덜어 먹을 공기와 수저를 놓는다. 그리고 조미에 필요한 간장이나 소금, 꿀을 종지에 담고 찬으로는 국물 김치와 젓국조치, 마른찬을 함께 놓는다.

죽은 아픈 사람을 위한 것이라기보다는 이른 아침에 내는 초조반상이나 별미로 즐기는 음식이다. 죽에 함께 넣는 재료에 따라 잣죽, 전복죽, 깨죽, 호두죽, 녹두죽, 콩죽 들이 있고, 지방에 따라서는 애호박, 표고, 홍합, 아욱 따위도 죽에 넣는다.

탕, 국

탕은 국물 음식이다. 우리 식생활은 밥이 주식이지만 국도 거의 빠지지 않고 매일 밥상에 오른다. 국은 반상에 따르는 것도 있고 설렁탕, 곰탕, 갈비탕 같이 밥을 말아먹는 탕반(湯飯)도 있다.

국의 종류는 맑은 장국, 토장국, 곰국, 냉국으로 크게 나뉜다. 국에는 육류는 물론이고 어패류, 채소류, 해조류 같은 거의 모든 재료가 들어간다. 특히 육류 가운데에는 쇠고기를 가장 많이 쓰는데 양지머리나 사태, 우둔 같은 살과 갈비, 꼬리, 사골 같은 뼈와 양, 곱창 같은 내장 그리고 선지까지도 이용하여 별미스러운 국을 끓인다.

국 요리에 감칠맛을 내는 것은 간을 맞추는 조미료이다. 맑은 국은 소금이나 청장으로 간을 하고, 토장국은 된장, 고추장으로 간을 하며, 곰탕, 설렁탕 같은 곰국은 소금과 후춧가루로만 간을 한다.

여름철에는 오이냉국, 미역냉국, 다시마국 같은 약간 신맛이 나는 냉국을 시원하게 만들어 산뜻하게 입맛을 돋운다.

찌개, 지지미, 감정, 조치

찌개는 크게 된장찌개, 고추장찌개, 젓국찌개로 나눈다. 또 찌개보다 국물을 많이 넣은 것은 지지미라고 한다. 감정은 고추장으로 간을 한 찌개를 말하며, 조치란 궁중에서 찌개를 일컫는 말이다.

된장찌개는 토장국과 마찬가지로 맹물보다는 쌀뜨물로 끓이면 맛이 더 좋다. 된장찌개는 우리나라 사람들이 가장 좋아하는 토속적인 맛이 나는 음식으로 된장의 종류에 따라 맛이 다르다. 충청도 지방에서는 겨울철에 청국장찌개를 즐겨 먹고 고추장찌개도 건더기로 두부나 채소를 넣기도 하지만 생선을 주로 한 매운탕을 즐긴다. 매운탕은 고유의 술인 탁주나 약주의 안주로 먹으면 좋다.

젓국찌개는 새우젓으로 간을 하여 두부나 호박을 넣고 끓이는 맑은 찌개로 중부 지역에서 즐기는 음식이다.

전골, 볶음

전골이란 각각 색이 다른 재료를 합이나 그릇에 준비하여 상 옆에서 화로에 전골틀을 올려놓고, 즉석에서 볶아 먹는 음식이다. 주방에서 볶아서 접시에 담아 상에 올리면 볶음이라고 한다.

전골 냄비는 본디 전립(戰笠)을 뒤집어 놓은 것처럼 생겼다. 곧 가운데에 국물이 고이도록 깊게 패어져 있고 가장자리에는 넓은 전이 붙어 있어 여러 가지 재료를 얹어 놓고 익히면서 먹을 수 있다.

지금은 전골이 많이 바뀌어서 건더기를 다채롭게 하고 국물을 넉넉히 부어 즉석에서 끓이는 것이 전골인 것처럼 아는 사람들이 많다.

찜, 선

찜은 육류, 어패류, 채소 어느 것으로나 만들 수 있다. 국물을 적게 하고 뭉근한 불에서 오래 익혀 재료를 연하게 한다.

쇠고기 가운데에서도 질긴 부위에 드는 쇠갈비, 쇠꼬리, 사태, 양으로 주로 찜을 만들기는 하지만 간을 약하게 해서 시간을 들여 오랫동안 정성스럽게 끓이면 맛이 좋고 연한 셈이 된다. 선은 조리법이 찜과 비슷한데 재료로 호박, 오이, 가지, 두부 같은 식물성 식품을 쓰고 쇠고기도 함께 넣어 요리한다.

구이, 적

조리법 가운데 가장 원조가 되는 것은 구이이다. 끓이는 요리는 그릇이 발명된 다음에 시작되었지만 구이는 특별한 기구 없이도 할 수 있는 조리법이기 때문이다.

우리나라의 가장 대표적인 구이로는 불고기를 들 수 있는데, 그 기원을 중국 진(晉)나라의 수신기(搜神記)에서 살펴보면 맥적(貊炙)이라 하여 고기를 장과 마늘로 조미하여 직화를 구웠다는 기록이 있다. 맥(貊)이란 고구려족을 가리킨다.

불고기는 요즘 와서 생긴 말이고, 본디 얇게 저며서 굽기 때문에 너비아니구이라고 하였으며, 소금구이는 방자구이라고 하였다. 또 쇠고기와 채소, 버섯을 길게 썰어 양념한 다음 대꼬치에 꿰어 구운 것을 적(炙)이라고 한다. 산적은 날재료를 꿰어서 지지거나 구운 것이고, 누름적은 재료를 각각 양념하여 익힌 다음 고치에 꿴 것이다. 지짐누름적은 재료를 꼬치에 꿰어 선을 부치듯이 옷을 입혀서 지진 것이다. 제사 때에는 육적, 어적, 소적(채소적)이라고 하여 삼적을 꼭 마련한다.

전유어, 지짐

전(煎)은 기름을 두르고 지졌다는 뜻으로 보통은 전유어, 전냐, 전이라고 부르나 궁중에서는 전유화라고 하였다.

전의 재료는 고기, 생선, 채소 들로 광범위하다. 만드는 방법은 밑처

리를 한 재료에 소금과 후춧가루로 간을 약하게 하고, 밀가루를 고루 묻힌 다음 계란 푼 것을 씌워서 번철에 지진다.

전을 잘 부치려면 재료의 크기와 두께가 알맞아야 하며 부쳐낸 것은 채반에 꺼내어 한소끔 식혀야 한다. 접시에 더운 것을 겹쳐 담으면 계란옷이 벗겨지기 때문이다.

선은 보통 한 가지 재료로만 하지 않고 세 가지나 다섯 가지를 준비하여 어울리게 담는다. 지짐은 빈대떡이나 파전처럼 재료들을 밀가루 푼 것에 섞어서 기름에 지져 낸다. 녹두를 갈아서 만드는 녹두빈대떡은 평안도 지방에서 가장 즐겨 만드는 음식이다.

나물(熟菜)

나물은 반찬 가운데 가장 기본적이고 대중적인 우리 음식이다. 나물은 생채와 숙채의 총칭이나 대개 숙채를 이르는 말로 쓰인다.

나물은 거의 모든 채소를 익혀서 쓰고 있는데, 푸른 채소는 끓는물에 살짝 데쳐서 파랗게 갖은양념을 하여 무치고, 말린 채소는 불려서 볶아 익힌다. 말린 고사리, 고비 같은 나물은 불렸다가 삶아서 볶는다. 나물의 양념은 참기름과 깨소금을 비교적 넉넉히 넣어야 부드럽고 맛이 있다. 산나물은 초고추장에 무치기도 한다.

생채(生菜)

생채는 계절마다 새로 나오는 싱싱한 채소들을 익히지 않고 초장이나 초고추장, 겨자장에 무친 것을 말한다.

양념으로 설탕과 식초를 쓰는 것이 특징이고 너무 진한 맛보다는 산뜻한 것이 좋다. 생채를 만드는 재료는 무, 배추, 오이, 미나리, 더덕같이 날로 먹을 수 있는 채소인데 해산물인 미역, 파래, 오징어나 조갯살을 한데 넣어 무치기도 한다.

조림, 조리개, 초(炒)

조림은 밥상에 오르는 일상의 찬으로 주로 생선이나 채소로 만들며 저장해 두고 먹는 쇠고기 장조림도 있다.

생선조림은 고장에 따라 다르지만, 대개 살이 희고 담백한 생선은 간장, 파, 마늘, 생강, 설탕 같은 조미료를 쓰고 붉은 살 생선이나 비린내가 많은 생선은 고추장을 넣어 조린다.

궁중에서는 조림을 조리개라고 한다.

초(炒)는 조림을 약간 달게 만들어서 녹말풀을 입혀 윤기 있게 바싹 조리는 것이다. 홍합초, 전복초 따위가 있다.

회, 숙회

회는 육류나 어패류, 채소류를 날로 또는 살짝 데쳐서 초고추장이나 겨자즙, 소금, 기름에 찍어 먹도록 한 음식이다. 회는 무엇보다도 신선함이 가장 중요하며 생회에는 생선회, 육회, 갑회(소의 내장류), 송이회 따위가 있다.

숙회에는 생선살을 녹말에 묻혀 살짝 데쳐서 익혀 내는 어채와 강회, 두릅회가 있고, 오징어나 문어, 새우를 삶아서 만들기도 한다.

편육

편육은 쇠고기나 돼지고기의 덩어리를 통째로 삶아 익혀 베보에 싸서 도마로 모양나게 누른 다음 얇게 저민 것이다. 쇠고기의 양지머리, 사태, 업진, 우설, 우랑, 우신, 유통, 쇠머리 같은 부위를 편육으로 만들고 돼지고기는 삼겹살과 머리 고기가 적당하다.

편육은 양념을 하지 않고 얇게 썬 고기 조각을 초장이나 겨자장, 새우젓국에 찍어서 먹는다.

잔치 때는 대개 양지머리나 사태를 덩어리째 삶아 국물은 국수장국의 국물로 쓰고, 고기 건더기는 저며서 편육을 한다. 돼지고기는 특히 새우젓국에 찍어 배추김치에 싸서 함께 먹는 것이 가장 맛있게 먹는 방법으로 알려져 있다.

족편 (足片)과 묵

육류의 질긴 부위 곧 힘줄이나 껍질에 물을 부어 오래 끓이면 녹아서 젤라틴 상태의 죽이 되는데, 이것을 굳힌 것이 족편이다.

족편은 겨울철 음식으로 쇠족과 껍질, 사태를 함께 오래도록 고아서 간을 약하게 하여 네모진 그릇에 굳힌 다음 얇게 썰어 양념간장을 찍어 먹는다.

묵은 전분질을 풀로 쑤어 응고시킨 것으로, 녹두로 만든 청포묵과 메밀묵, 도토리묵이 있다.

대개 양념간장으로 채소류와 함께 무치며, 메밀묵은 겨울철에 배추김치를 넣어 무치기도 한다.

장아찌 (장과)

장아찌는 제철에 많이 나는 채소나 쓰다 남은 음식 재료들을 오래 저장하여 두고 먹을 수 있도록 간장, 고추장, 된장 또는 식초에 담가 놓은 것이다.

장아찌는 먹기 전에 잘게 썰어 참기름, 설탕, 깨소금으로 조미해서 먹는다.

본디 저장 식품이 아니고 갑자기 만들었다고 해서 '갑장과'라는 이름이 붙었으며, 익혔다고 하여 '숙장과'라고도 한다. 오이나 무를 절였다가 물기를 짠 다음 조미하여 볶기도 한다.

튀각, 부각

튀각은 다시마, 가죽나무 순, 호두 따위를 기름에 바싹 튀긴 것이고 부각은 재료를 그대로 말리거나 풀칠을 하여 바싹 말렸다가 필요할 때 튀겨서 먹는 밑반찬이다. 제철이 아닐 때에 별미로 먹을 수 있다.

부각의 재료로는 감자, 고추, 깻잎, 김, 가죽나무 잎 들을 많이 쓴다. 부각은 특별하게 튀김요리가 없는 우리 음식 가운데에서 식물성 지방을 가장 많이 섭취할 수 있는 음식이다.

상차림법과 궁중 음식

상차림이란 한상에 차려 놓는 반찬의 종류와 가짓수 및 배설 방법을 말한다. 일상식에는 밥을 중심으로 찬을 차리는 반상과 죽 중심의 죽상, 국수·만두·떡국을 차리는 면상, 만두상·떡국상 들이 있다.

그리고 손님을 대접할 때에는 목적에 따라 주안상, 교자상, 다과상이 있다.

상차림법

의례적인 상차림은 돌상, 혼례상, 큰상, 기제사상이 있다. 여기에서는 일상적인 상차림에 대해 설명하고 의례적인 상차림은 통과 의례에서 다루기로 한다.

반상

밥과 국, 김치를 기본으로 차리는 밥상으로 먹는 사람에 따라 달리 부른다. 나이 어린 사람에게는 밥상이라고 하고 어른에게는 진지상, 임금님의 밥상은 수라상(水剌床)이라고 부른다.

반상은 쟁첩에 담는 찬품의 가짓수에 따라 삼첩 반상, 오첩 반상, 칠첩 반상, 구첩 반상으로 나뉜다. 궁중에서만 십이첩 반상을 차리고, 민가에서는 구첩까지로 제한하였다.

기본으로 놓는 것은 밥·국·김치·장이고, 오첩 반상이 되면 찌개를 놓고, 칠첩 반상에는 찜을 놓는다. 전이나 회를 찬으로 놓을 때에는 찍어 먹을 간장, 초간장, 초고추장, 겨자장도 함께 곁들인다.

김치도 반찬 수가 늘어남에 따라 두 가지나 세 가지를 놓는다. 찬품을 마련할 때에는 음식의 재료와 조리법이 중복되지 않도록 하고, 계절에 따라 식품을 선택하여 계절감을 살리면 훌륭한 식단이 된다.

반상을 차릴 때에는 놓는 위치가 늘 정해져 있다. 밥과 국은 맨 앞줄에 놓는데, 국은 밥의 오른쪽에 오도록 하고 그 뒤에 장류와 반찬을 놓는다. 오른쪽에 더운 것과 육류가 오도록 하고 왼쪽에 차가운 것과 채소로 만든 찬을 놓는다. 맨 뒤에는 김치를 놓는데, 국물이 있는 김치를 오른쪽에 놓는다.

오른손으로 먹기 때문에 수저는 상의 오른쪽에 숟가락이 앞에 오도록 놓고, 국이나 찌개도 먹기 쉽도록 오른쪽에 놓는다.

반상은 한 사람씩 외상을 차리는 것이 원칙이나, 때로는 한 세대를 건너서 할아버지가 손주를 데리고 겸상하는 수도 있다. 부자(父子)는 겸상을 하지 않으며, 동년배는 겸상을 하기도 하였다.

면상, 만두상, 떡국상

밥을 대신하여 국수나 만두, 떡국을 주로 올리는 상으로 점심 또는 간단한 식사 때에 차린다. 찬품으로는 전유어, 잡채, 배추김치, 나박김치 따위를 놓는다.

주안상

주안상은 술을 대접하기 위해 차리는 상으로 청주, 소주, 탁주 같은 술과 함께 전골이나 찌개 같은 국물이 있는 뜨거운 음식과 전유어, 회, 편육, 김치를 술안주로 낸다.

교자상

집안에 경사가 있을 때에 큰 상에 음식을 차려 놓고 여러 사람이 함께 둘러앉아 음식을 먹도록 하는 상이다. 주식은 냉면이나 온면, 떡국, 만두 가운데에서 계절에 맞는 것을 내고 탕, 찜, 전유어, 편육, 적, 회, 채(겨자채, 잡채, 구절판) 그리고 신선로 같은 반찬을 놓는다. 김치는 배추김치나 오이소박이, 나박김치, 장김치 중에서 두 가지쯤 마련한다.

후식은 각색편과 숙실과, 생과일, 화채, 차 들을 마련한다.

궁중 음식

조선 시대 궁중 음식은 전국에서 최상급의 명산물을 모아 열세 살에 입궐하여 조리 교육을 받은 주방 상궁들의 솜씨로 만들어지고 다듬어졌다.

그 당시는 계급 사회로 맨 위에 왕과 왕족이 있고, 그 다음에 귀족 곧 사대부(士大夫)라 불리는 문관과 무관 그리고 벼슬하지 못한 양반인 중인이 있고, 맨아래 계급에 천민이 있었다. 이와 같은 계급 사회에서의 식생활 문화는 다른 문화와 마찬가지로 상하의 차이가 컸다. 그러나 궁중과 귀족 계급 사이에는 교류가 성하였다. 그때에도 혈족 결혼을 엄격히 금지하였기 때문에 왕가는 반드시 본관이 다르거나 다른 성을 가진 집안과 혼인하였다.

곧 왕세자들은 왕비를 왕족말고 사대부의 딸 가운데에서 맞이하였고, 공주들은 사대부 계급으로 출가를 하였다. 문화적으로 궁중과 민간의 교류가 활발하였다.

특히, 의례는 규모의 차이는 있어도 방식은 거의 같았다. 요리와 음료도 궁중의 원형이 귀족 계급에 많이 전해졌으며 귀족 계급의 음식도 마찬가지로 전해지게 되었다. 따라서 궁중 음식이라고 금을 그어 구분짓기는 어렵다. 궁중 음식은 가장 질이 좋고 다양한 재료와 수준 높은 기술로 만든 세련되고 격식 있는 음식일 뿐 일반 음식과 다른 특수한 음식은 아니다. 다만 일반 음식의 가장 모범이 되는 음식이라고 할 수 있다.

궁중의 일상적인 요리는 주방 상궁들이 담당한다. 하루 세끼와 아침보다 이른 시간에 초조반(初朝飯)이라 하여 죽을 중심으로 한 간단한 상차림을 낸다.

초조반상에는 쌀에 잣이나 깨, 채소, 고기 따위를 넣어 여러 가지 죽을 만든 것과 국물이 많은 물김치류, 소금이나 새우젓으로 간을 한 맑은 조치 그리고 마른찬을 두세 가지 함께 낸다.

평상시의 아침과 저녁 식사는 수라상이라 하여 밥과 찬품으로 구성된다. 식단은 십이첩 반상으로 다음과 같은 원칙을 따른다. 수라(흰밥과 팥밥), 두 가지 탕(미역국과 곰탕 두 가지), 조치(장으로 맛을 낸 것과 맑은 조치 두 가지), 찜(고기, 채소, 생선의 찜), 전골(숯불 화로에 전골틀을 준비하고 양념한 재료들을 합에 담아 곁반에 놓고 식사할 때 끓여서 대접한다.), 김치(배추김치, 깍두기, 동치미, 나박김치 가운데에서 세 가지), 장류(청장, 초장, 초고추장, 겨자, 새우젓). 이것은 밥과 탕 그리고 기본 찬이고 그 밖에 쟁첩에 담는 찬품이 열두 가지이다. 구이(더운 구이는 육류와 어류, 찬구이는 김·더덕 두 가지), 전유어(육류와 어류, 채소의 전), 수육(육류를 삶아서 얇게 저민 것), 숙채(익힌 채소), 생채(날로 무친 채소), 조림(육류, 어류. 채소류의 조림), 장과(채소류를 장에 박은 것이나 갑장과류), 젓갈류, 포(마른찬으로 육포, 어포, 어란), 회(육회 또는 어패류의 생회나 숙회), 별찬(별찬으로 수란).

위의 열두 가지 찬들은 재료와 조리법이 중복되지 않도록 만든다.

밥과 국은 두 가지씩 마련하지만 한끼에는 젓수실 때(잡수실 때) 흰밥을 원하면 대원반의 앞쪽에 흰밥과 미역국을 놓고, 팥밥을 원하면 팥밥과 곰국을 같이 놓는다.

상은 붉은색의 주칠을 한 대원반과 곁반, 소원반 그리고 책상반이 있다. 임금이나 다른 식사 하는 사람이 대원반에 앉고, 기미상궁과 수라상궁들이 시중을 든다. 대원반에는 수저 두 벌을 놓는데 국을 다 먹고 나면 국 그릇과 함께 한 벌은 내리고 숭늉 대접을 올린다. 서양의 냅킨과 같은 휘건이라는 흰 목면 수건이 있으며, 대원반의 왼쪽 앞에는 토구라 하여 뚜껑 달린 그릇을 놓아 식사 중에 가시나 넘기지 못한 것들을 담도록 했다. 서양의 식사 예법 못지않게 우리나라 고유의 식사 예법도 세련되고 정중하다.

평소의 식사가 아닌 궁중에 경사가 있을 때의 연회 요리는 남자 조리사들인 대령숙수(待令熟手)가 담당한다. 많은 음식을 한꺼번에 준비하기 위하여 임시 주방인 숙설소(熟設所)를 세우고 조리사 수십 명이 음식을 만든다. 의례 중심의 행사 요리에는 음식을 그릇 위에 반듯이 올려 높이 고이는 것도 대령숙수가 맡는다.

궁중에서는 큰 상을 차릴 때 서열을 왕과 왕비, 대왕과 대왕비, 왕세자와 왕세자비, 왕자와 왕녀 그리고 그 밖의 왕족 차례로 차리는데 각 상마다 요리의 가짓수와 분량이 다르다.

의례의 의식에도 왕족과 고관들은 지위에 따라 남자는 동쪽, 여자는 서쪽에 앉고, 현주와 헌화가 끝나면 자기의 상으로 돌아간다. 상차림은 반상이 아니라 주안상과 면상, 다과상으로 한다.

임금이나 경사를 맞은 당사자 앞에는 음식을 높이 고이는 고배상을 마련한다. 의식이 전부 끝나면 왕족이나 친척, 귀족들에게 음식을 하사하고 그것을 적어 두었다가 그 다음 행사 때에는 겹치지 않도록 한다. 이처럼 음식을 높이 고이는 풍습은 격조가 높음을 표시하기 위한 것으로 사대부 계급에서도 회갑례, 혼례, 회혼례 같은 축하 잔치 때에 이와 같이 성대히 차렸다.

부엌 도구와 식기

부엌은 주방 또는 정지, 정짓간이라고 부르며 우리나라는 대개 난방이 온돌이어서 안방 옆에 붙어 있다. 아궁이에 장작이나 짚으로 불을 지피는데, 아궁이 위에 부뚜막이 있고 그 위에 큰 가마솥과 작은 솥을 걸어 놓는다. 벽에는 상을 올려 놓을 수 있는 선반이 있고, 바닥은 흙바닥이다. 물은 밖에서 물동이에 떠 와서 항아리에 담아 두고 쓰며, 개수대가 없어 쓰고 난 물을 밖에 내다 버려야 하는 것이 불편하다.

아궁이에 불을 때서 밥이나 국을 끓이고 다른 음식은 화로나 풍로에 불을 피워서 하였다.

부엌 도구

식생활에 관계되는 도구와 기구는 일상 생활에 쓰는 것과 제사 때 쓰는 것으로 확실히 구분되어 있다. 그리고 만든 재료에 따라 옹기, 자기, 목기, 사기, 유기로 나눈다. 부엌 도구를 부엌 세간, 조리 기구, 곡물을 다루는 기구, 옹기류로 나누어 알아본다.

부엌 세간

찬장 반찬이나 그릇을 넣어 두는 장이다.

탁자 위, 아래를 트고 가운데를 막아 그릇을 쌓을 수 있게 만든 가구이다.

뒤주 나무로 궤짝을 만들어 모서리에 기둥을 네 개 세우고 발을 단 다음 위 뚜껑을 반만 열 수 있게 하여 곡식을 담아 두는 가구이다. 쌀뒤주는 크고, 다른 잡곡들을 담는 뒤주는 크기가 작다.

백항아리 사기로 만들었으며 위아래가 좁고 배가 부른 항아리로, 층층으로 쌓아 둘 수 있도록 크기가 여러 가지이다. 조미료나 음식을 담는다.

목판 음식을 담아 나르는 장방형의 좌판으로 얇은 널판에 좁은 전을 사방으로 대었으며, 크기가 여러 가지이다.

함지 통나무의 속을 파낸 다음 둥글게 만든 것으로, 좁은 전이 있거나 옆에 손잡이를 만든 귀함지가 있다. 가루나 떡을 담을 때에 쓴다.

찬합 음식을 담는 그릇으로 나무나 칠기, 사기로 동그랗거나 네모로 만들었다. 한 층 또는 여러 층으로 되어 있다.

주전자 술을 데우는 것으로 뚜껑, 손잡이, 귀때가 있다.

여러 가지 양념 단지이다.

조리 기구

번철 전을 지질 때 쓰며 솥뚜껑처럼 둥글넓적하게 생겼다.

무쇠솥 가마솥, 중솥, 작은 솥이 있는데 밥을 짓거나 국을 끓일 때 쓴다.

노구 놋쇠로 만든 작은 솥이다.

새옹 놋쇠로 만든 작은 솥으로 배가 부르지 않고 바닥이 평평하며, 전과 뚜껑이 있다.

쟁개비 무쇠나 구리로 만든 냄비이다.

적철 구이를 할 때 쓰는 석쇠이다.

삼발이 둥근 쇠에 다리 세 개가 달린 기구로 화로의 잿속에 박아서 주전자나 냄비를 불에 올릴 때에 쓴다.

국자 국이나 국물을 뜨는 자루가 긴 도구이다.

복자 한쪽에 부리가 달려 있어 기름이나 국물을 따를 때에 쓸 수 있는 도구이다.

석자 철사를 엮어 만든 국자이다.

그 밖에 작은 기구로는 다리쇠, 깔대기, 강판, 식도, 회도, 쇠공이, 화젓가락, 고시를 꿰어 다는 졸금이가 있다. 또 벙거지를 뒤집어 놓은 듯한 전골틀이 있으며 쇠풍로, 양푼, 놋쟁반, 놋상 따위가 있다.

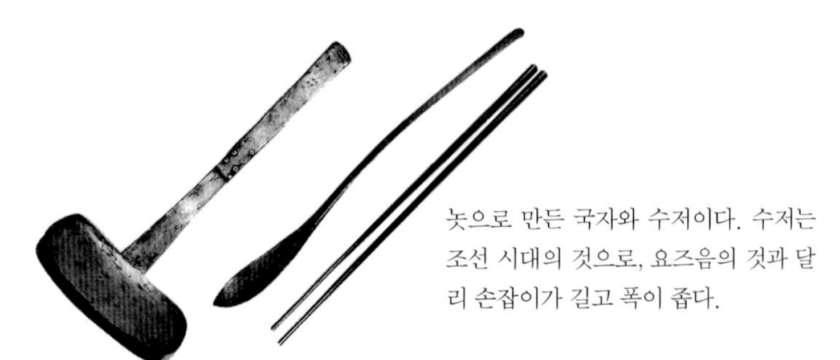

놋으로 만든 국자와 수저이다. 수저는 조선 시대의 것으로, 요즈음의 것과 달리 손잡이가 길고 폭이 좁다.

곡물을 다루는 기구

우리나라는 식생활이 곡물 중심이므로 곡식의 껍질을 벗기고, 가루를 내는 데 여러 가지 도구가 필요하다.

절구 곡식의 껍질을 벗기거나 가루를 낼 때 쓰는 것으로 통나무나 돌을 깎아서 만들기도 하고 쇠절구도 있다. 절구의 크기에 따라 거기에 맞는 절굿공이가 딸린다.

키 곡식을 까불어 껍질을 가릴 때 쓴다.

조리 쌀이나 곡물을 씻을 때 일어서 돌을 고르는 기구이다.

채반 곡물이나 음식을 널어 말리거나 물기를 뺄 때 쓰며 전을 부쳐 담아 놓기도 한다.

체 가루를 쌓아서 곱게 칠 때 쓰는 것으로 굵은 명주실이나 말총으로 엮은 깁체, 중철사로 엮은 중체, 굵은 어레미 따위가 있다.

쳇다리 체를 걸쳐 놓아 가루가 잘 빠질 수 있게 한 것으로 나무가 양쪽으로 벌어져 있다.

광주리 대, 싸리, 버들을 엮어서 만든 둥글고 깊은 것으로 물건을 담거나 채소를 씻어서 건질 때에 쓴다.

맷돌 곡식을 타거나 가루를 낼 때 쓴다. 두 짝으로, 위의 돌에 구멍이 뚫려 있어 그곳에 곡식을 넣어서 나무 손잡이를 돌리면 두 짝 사이에서 곡물이 타개지거나 가루로 되어 나온다. 거친 맷돌과 고운 맷돌 등 여러 가지가 있다.

곡식을 타거나 가루를 낼 때 쓰는 맷돌이다.

시루 떡을 찔 때 쓰는 것으로, 밑에 구멍이 있고 위는 벌어져 있다. 질시루가 가장 많고, 옹기시루, 놋시루, 구리시루가 있는데 요즈음에는 알루미늄으로 된 양은시루도 나왔다.

질밥통 질시루와 비슷한 모양이나 구멍이 없고 뚜껑이 있다. 녹말을 가라앉힐 때에 쓰고 밥도 담아 두면 잘 쉬지 않는다.

시룻밑, 시루방석 시룻밑은 떡을 찔 때 가루가 빠지지 않도록 풀로 엮어 만든 것이고, 시루방석은 짚으로 둥글게 엮어 위에 덮는 뚜껑이다.

옹기류

뚝배기 찌개를 끓이거나 설렁탕 같은 탕반과 장국을 담을 때 쓰는 오지그릇이다.

동이 항아리처럼 생긴 것으로, 물을 길을 때 쓰며 양손으로 잡을 수 있도록 손잡이가 달려 있다.

방구리 모양은 동이와 같으나 크기가 작다.

항아리 아래위가 좁고 배가 부른 것으로, 오지나 사기로 만들었다. 고추장을 담거나 김치, 젓갈, 장아찌를 담을 때에 쓴다.

독 간장이나 김치를 담아 두는 것으로, 속이 깊고 말뚝처럼 생겼으며 오지나 질그릇으로 되어 있다.

소래기 운두가 조금 높고 접시 모양으로 생긴 그릇으로, 독뚜껑이나 그릇으로 쓴다.

자배기 운두가 약간 높고 입이 벌어진 그릇이다.

푼주 입이 넓고 밑이 좁은 사기 그릇이다.

귀대접 귀가 뾰족 나온 대접으로, 국물을 따를 때 쓴다.

식기

우리 음식을 담는 식기에는 유기, 사기, 은기가 있으며 음식에 따라 저마다 다른 식기에 담는다. 단오부터 추석까지 여름철 동안은 도자기를 쓰고, 겨울철에는 은그릇과 놋쇠그릇을 썼다. 여름에 시원한 느낌을 주는 도자기를 쓰고 거울에 보온이 잘 되는 금속기를 쓴 것에서 우리 조상들의 지혜를 엿볼 수 있다. 밥그릇과 수저는 식구마다 제 것을 마련해 놓고, 손님용은 따로 갖추어 둔다. 수저는 숟가락과 젓가락을 한 벌로 하여 쓰는데 은으로 된 것을 가장 좋은 것으로 쳤고, 유기도 썼다. 전에는 수저가 좁고 날씬했으나 지금은 모양이 많이 바뀌었다.

식기의 종류

식기의 종류에는 다음과 같은 것들이 있다.

주발, 사발 놋쇠 혹은 사기로 만든 밥그릇으로, 아래가 좁고 위는 넓으며 뚜껑이 있다.

탕기 국을 담는 그릇으로, 주발과 똑같이 생겼으나 한 치수 적어 밥주발 안에 쏙 들어간다. 지금의 국그릇은 본디 숭늉을 담는 대접이었다.

조치보 찌개를 담는 그릇으로, 주발과 모양이 같고 탕기 안에 들어간다.

보시기 김치류를 담는 그릇으로, 크기는 쟁첩보다 크고 깊이가 조치보보다 얕다.

쟁첩 반찬을 담는 작고 납작한 접시로 뚜껑이 있으며 대개 오첩, 칠첩, 구첩의 첩수에 따라 쟁첩 수가 늘어난다.

대접 숭을 담는 그릇으로 요즈음 쓰는 국그릇과 같다. 위가 벌어지고 뚜껑이 없다.

바리　놋쇠로 만든 여자용 밥그릇으로, 주발보다 입이 좁고 배가 부르며 뚜껑에 꼭지가 있다.

종지　장류나 꿀을 담는 작은 그릇이다.

반병두리　위는 넓고 아래는 좁은 대접 모양의 국그릇으로 국수나 떡국을 담는다.

접시　반찬을 담는 작고 납작한 그릇이다.

쟁반　운두가 낮고 둥근 것으로, 국그릇이나 숭늉 대접을 받칠 때에 쓴다.

소래　국수나 떡을 담는 큰 놋그릇으로 굽이 달렸다.

상

상은 모양, 다리의 생김새, 생산지, 크기, 칠의 색에 따라 여러 가지로 나뉘나 보통 때에는 동그랗거나 네모난 일인용 밥상을 쓴다.

모양에 따른 분류

원반　둥근 상으로, 작은 소반부터 두레반까지 있다.

책상반　책상 모양과 비슷한 장방형의 소반이다.

외상　반달 모양으로 생긴 소반으로, 겸상으로 쓰인다.

상다리의 생김새에 따른 분류

호족반　다리가 호랑이 다리처럼 생겼고, 굽을 깎은 것이 밖으로 향했다. 전라남도 나주에서 나는 소반인 나주반에 많다.

구족반 개다리 소반이라 하여 다리의 굽이 안을 향했다.

번상 다리가 병풍처럼 붙어 있고 중간에 크게 구멍을 낸 것으로, '공고상'이라 하여 관청에 점심을 나를 때 머리에 이고 다녔다.

단각반 다리가 한 개 있는 것으로, 다리를 중심으로 위가 돌아갈 수 있도록 하여 회전반이라고도 한다.

생산지에 따른 분류

해주반 해주에서 만든 것으로, 장식이 없고 간결하게 만든 사각의 책상 형태이다.

나주반 나주에서 만든 것으로, 상둘레와 다리에 조각을 많이 한다.

통영반 통영에서 만들었으며 책상반 형태로, 특히 자개로 장식을 많이 한다.

상의 크기에 따른 분류

소반 혼자 또는 두 사람이 쓸 수 있는 상이다.

두레반 둘러앉아 먹는 둥그런 상이다.

교자상 손님 잔치용으로 쓰는 장방형의 큰 상이다.

상의 칠에 따른 분류

주칠반 붉은색의 주(朱) 칠을 한 것으로, 임금님의 수라상이나 돌상 그리고 경사 때에 쓴다.

흑칠반 검은 칠을 한 것으로, 제사상으로 많이 쓰며 상다리가 아주 높다.

양념과 장

우리 음식을 만들 때 '갖은양념'을 한다는 말을 자주 쓴다. 양념은 조미료를 말하며, 한자로는 '약념(藥念)'이라고 쓴다.

양념은 음식의 맛을 좌우하지만 고명은 맛과는 상관없이 음식의 모양과 빛깔을 곱게 하여 식욕을 돋우는 역할을 한다. 고명은 '웃기' 또는 '꾸미'라고도 하며 오행설(五行說)에 따라 흰색, 노란색, 빨간색, 검정색, 초록색의 자연색을 쓴다.

양념

양념을 하는 것은 간이 없는 식품에 간을 하고 맛을 줌으로써 맛있게 먹을 수 있도록 하는 것이니 음식을 잘한다는 것은 양념을 적절히 쓰는 것과 같다고 할 수 있다.

음식의 맛을 좌우하는 첫 번째 요소는 간이다. 간은 가장 기본적인 양념으로, 간이 맞으면 우선 먹을 수 있다. 간은 소금, 간장, 된장, 고추장으로 맞추는데 저마다 짠맛이 있으면서 장 특유의 맛과 향을 가지고 있다.

장을 담그는 일은 예부터 한 해의 가정 행사에서 가장 중요하고 큰

일 가운데 하나였다. 겨울에 메주를 만들어 잘 띄운 것을 봄철에 소금물에 담가 맛이 우러나게 하는데, 이 국물이 '간장'이고 건더기를 건져서 소금으로 버무린 것이 '된장'이다. 간장은 햇장과 묵은장 그리고 청장(淸醬)과 진장(眞醬)으로 구별하여 쓴다. 된장은 국이나 찌개를 끓이는 데에나 장아찌를 만드는 데 쓰인다.

고추장은 찹쌀이나 쌀, 보리, 밀가루 같은 곡물의 떡이나 풀에 엿기름과 메줏가루, 고춧가루를 넣고 버무린 다음 소금으로 간을 하여 발효시킨 것으로 초고추장을 만들어 회를 찍어 먹거나 찌개, 구이의 양념으로 많이 쓴다.

젓국도 김치를 담글 때에나 찌개를 끓일 때어 넣어 음식의 간을 맞추는 역할을 한다.

단맛을 내는 감미료는 예부터 꿀을 으뜸으로 쳤고, 엿과 조청을 꿀 대신 쓰기도 했다. 설탕은 고려 시대에 원나라에서 수입하였다는 기록이 있으며, 조선 시대에도 궁중에서나 귀족들이 사용한 것으로 보인다.

신맛은 식초로 낸다. 전에 쓰던 초는 술로 담근 양조초로 부뚜막에 초항아리를 정하게 두고 만들었는데, 요즈음의 양조 식초와는 향이 매우 다르다.

지금은 매운맛을 내는 데 고추를 가장 많이 쓰고 있지만 17세기 무렵 고추가 우리나라에 들어오기 전에는 매운맛을 내는 데 산초 또 천초를 썼다. 또 고려 시대부터 유구(琉球)에서 후추를 수입한 기록이 있다. 특히 이 후추는 생선이나 육류 요리에 없어서는 안 될 향신료였다.

고추는 임진왜란 때에 우리나라에 들어와 지금은 우리 음식의 특징 가운데 하나인 매운맛을 대표하게 되었다. 고추장과 김치를 담글 때 고춧가루를 넣고, 실고추는 매운맛도 내지만 고명의 역할도 하였다. 민가의 음식에는 고춧가루를 많이 넣지만 궁중 음식에는 김치와 고추장말고는 그리 많이 넣지 않았다. 겨자는 갓씨를 가루로 만든 다음 물로 개어서 매운맛이 나게 하며, 겨자채를 만들거나 겨자 초장을 만들어 회나 육류를 찍어 먹는 데 쓴다.

깨소금과 참기름은 고소한 맛을 내는 데 많이 쓴다. 흰깨를 씻어 껍질을 벗겨 실깨로 만든 다음 볶아서 반쯤 빻아 깨소금을 만들고, 통깨는 남겨서 고명으로 쓴다. 참기름은 참깨를 볶아서 짠 것으로 기름 가운데에서 으뜸으로 치는데 찬을 만들 때나 약과, 약식 같은 한과를 만들 때에 쓰인다.

콩기름과 들기름은 전이나 적을 부칠 때 그리고 부각이나 튀각을 할 때 쓰인다. 파와 마늘은 나물, 국, 찌개, 조림, 볶음 같은 어떤 음식에나 다 들어가며 생강은 돼지고기, 생선, 내장류의 음식에 들어 가고 김치를 담글 때에 쓰인다. 파, 마늘, 생강은 특히 한방의학과 관계가 깊은 양념으로 몸을 보하는 역할을 하는 것으로 알려져 있다.

고명

고명의 다섯 가지 빛깔 가운데 노란색과 흰색을 내는 것은 계란이다. 계란의 노른자와 흰자를 나누어 소금을 약간 넣고 잘 풀어서 번철에 얇게 부친다. 이것을 채로 썰거나 마름모(완자형)형 또는 네모(골패형)로 썰어서 국수나 탕, 찜에 보기좋게 올려 놓는다. 구절판, 신선로에도 많이 쓰인다.

붉은색을 내는 재료는 다홍고추와 실고추인데 나물과 김치에는 실고추를 쓰고 찜, 전골, 신선로에는 다홍고추를 쓴다.

검정색 고명으로는 석이버섯과 표고버섯을 쓰는데, 국수의 꾸미는 채로 썰어 쓰고 찜이나 탕에는 마름모형이나 네모나게 썰어서 쓴다.

신선로에는 석이버섯 다진 것을 계란 흰자와 섞어 검은색 지단을 부쳐 넣기도 한다.

녹색 고명은 미나리, 호박, 오이, 파잎 같은 초록색이 나는 채소들이다. 이런 것들을 채로 썰어 국수의 고명으로 한다.

미나리 줄기나 가는 실파를 대꼬치에 가지런히 끼워서 밀가루와 계란을 씌워 번철에 부친 다음 꼬치를 빼 적당한 크기로 썰어 신선로나 전골에 쓴다.

잣은 통잣, 길이로 둘로 나눈 비늘잣, 잣가루로 하여 음식에 따라 달리 쓴다.

고기를 다져서 소금으로 간을 하고 양념한 것을 작고 동글게 빚어서 밀가루와 계란을 씌워 번철에 지진 것을 봉오리(완자)라고 하는데 이것을 신선로, 전골, 찜의 꾸미로 얹고 완자탕의 건더기로 쓴다.

장

가장 보편적인 장은 간장, 된장, 고추장이다. 이 세 가지 장이 음식의 맛을 좌우하는 가장 중요한 조미료이다. 장은 지방에 따라 또는 가정마다 여러 가지 방법이 전수되어 내려와 그 종류가 많다. 일반적인 방법은 흰콩을 불려 쪄서 메주를 쑤어 띄운 다음 소금물을 부어서 익히는 것이다. 물론 메주와 물과 소금의 비율은 고장에 따라 다르고 장을 담그는 철에 따라 다르다. 메주에 견주어 소금물을 많이 넣으면 간장(또는 붉은장, 淸醬)을 많이 떠낼 수 있으나, 된장 맛이 약간 떨어진다.

메주를 소금물에 담가 간장을 떠내고 건더기는 다시 소금 간을 하여 버무린 다음 항아리에 담아 된장으로 쓰는 경우가 가장 많다. 청국장, 담북장, 무장이라고 하여 짧은 시간에 익혀 먹는 된장류도 많다.

보통 가정에서는 흰콩으로 음력 10월이나 동짓달에 진메주를 쑨 다음 목침 모양으로 만들어 꾸덕꾸덕 마르면 훈훈한 온돌방에서 메주의 사이사이에 볏짚을 놓아 쟁여 띄운다. 짚으로 둘씩 엮어 매달아서 겨우내 띄우기도 한다.

요즈음에는 시판되는 메주를 사서 쓰기도 하고 개량 메주라 하여 콩알을 하나씩 종국을 하여 띄운 것을 이용하기도 한다.

잘 띄운 메주는 음력 정월이나 2월에 물을 넣어 솔로 겉을 깨끗이 씻어 말린 다음 소금물(정월에는 물 1말에 소금 2되)에 담가 두는데, 사십 일쯤 지나면 장맛이 든다. 담그는 달에 따라 소금의 양을 달리하며, 날씨가 더워질수록 소금의 양을 늘려야 장맛이 변하지 않는다.

간장을 떠낸 메주를 건져서 으깨면 노랗고 맛있는 햇된장이 된다. 간장을 고운 체에 밭여 다른 독에 가득 채우고 햇빛을 부지런히 쬐이거나 솥에 달인다.

전에는 집에서 장을 담그려면 우선 택일을 하고 고사를 지냈다. 장맛이 변하면 집안에 불길한 일이 생긴다고 믿어 주부들은 장독대의 관리에 정성을 다했다. 장독에 금줄을 치고 금줄에 버선을 매달아 부정한 것의 접근을 막았는데, 이것은 부정한 것이 버선 속으로 들어가 없어지라는 뜻에서였다.

고추나 숯을 장 위에 띄우기도 했는데, 이것은 고추와 숯이 살균과 흡착 효과가 있어서이기도 했지만 부정한 것을 막아 주는 주술적인 효과도 노렸기 때문이다.

메주로 장을 담그는 것은 농사를 많이 짓는 곳에서 성하고, 남해와 서해의 도서 지방은 콩이 매우 귀하여 장을 풍부하게 담그지 못하는 실정이다. 멸치가 많이 나는 남해에서는 멸치젓을 담가 그 국물은 떠내고 건더기에 다시 물을 부어 끓인 다음 밭여서 간장처럼 쓰는 '멸장'이란 것을 만든다.

고추장은 전라도, 충청도, 경기도, 서울 지방에서 즐겨 먹는다. 남쪽 지방으로 내려갈수록 매운 것을 즐기며, 고추장의 종류도 여러 가지이다. 고추장은 콩메주나 또는 고추장을 만들 때에만 쓰는 메주를 가루 내어 찹쌀가루나 밀가루 같은 전분을 엿기름으로 삭힌 것과 고운 고춧가루, 소금을 한데 버무려서 항아리에 담아 익혀서 먹는다.

경상도 지방에는 엿꼬장이라 하여 고춧가루를 조청 같은 엿에 버무린 고추장도 있다. 가장 이름난 고추장은 전북 순창의 찹쌀 고추장이다.

고추장과 된장은 음식을 만들 때 조미료로 쓰일 뿐만 아니라 음식을 찍어 먹을 수 있는 초고추장, 양념장으로도 쓰이고 장아찌를 박을 때도 쓴다.

김치와 젓갈

우리나라 사람들은 봄, 여름, 가을에 제철 채소로 김치를 담근다. 또 겨울에는 밭에서 채소가 나지 않으므로 11월 말이나 12월 초에 김장이라고 하여 여러 종류의 김치를 한꺼번에 많이 담근다.

김치

김치는 부식 가운데 가장 기본이 되는 찬으로 김치를 뺀 식생활은 생각할 수 없다. 김치는 소금에 절이는 염장법을 이용하여 적당히 발효시킨 것으로 독특한 신맛이 식욕을 돋운다.

김치를 담글 때 쓰는 가장 일반적인 재료는 무와 배추이고 양념으로는 고춧가루, 파, 마늘, 생강을 넣으며 소금으로 간을 하고 새우젓, 멸치젓 같은 젓갈을 넣는다.

요즈음에는 겨울철에도 비닐하우스에서 싱싱한 무와 배추가 자라 김장을 적게 담그지만 전에는 겨울 석 달 동안 꼬박 먹을 수 있을 만큼 많이 담갔다.

김치의 역사를 더듬어 보면 고려 후기의 문장가인 이규보의 시문에 "울 안에 심는 무를 소금에 절여 겨울에 대비한다."라는 귀절이 들어 있다. 이것으로 미루어 동치미나 짠지 같은 김치가 있었음을 알 수 있다. 1670년대의 조리서인 『음식 디미방』에는 산갓김치, 오이지, 나박김치 같은 담백한 김치를 산초를 섞어 담갔다는 기록이 있다. 김치 만드는 법이 급격히 발달한 것은 우리나라에 고추가 들어온 이후인 1700년대로 추측한다. 조선 중기 이후에 와서 비로소 지금처럼 고추를 넣은 매운 김치를 만들었고 그 전에는 산초, 파, 마늘, 생강 따위를 넣거나 소금에 절이기만 하는 산뜻한 맛의 김치가 많았던 것 같다.

가장 보편적인 배추통김치는 19세기 말에 담그기 시작한 것으로 보인다. 그때부터 속이 찬 배추가 생산되었기 때문이다.

김치 종류는 재료나 지방, 계절에 따라 수도 없이 많다. 가장 대표적인 김치는 무채를 양념한 소를 넣어 만드는 배추통김치이다. 평안도 지방에서는 고춧가루를 거의 넣지 않는 백김치를 즐겨 담근다. 전라도나 경상도 지방에는 무채를 쓰지 않고 멸치젓에 양념을 하여 절인 배추와 섞어 만드는 배추통김치가 있다. 개성 지방과 궁중에서 잘 담가 먹던 보쌈김치는 절인 배춧잎을 깔고 그 위에 무와 배추로 만든 석박지를 놓아 배춧잎으로 보자기 싸듯이 하여 만든다. 김치 안에 낙지, 굴 같은 해물과 밤, 잣, 대추, 석이버섯, 표고버섯 같은 갖가지 재료가 들어가는 아주 사치스러운 김치이다.

건더기보다 국물을 주로 먹기 위해 담그는 김치로 겨울철에 먹는 무동치미가 있고, 다른 철에는 무와 배추를 납작납작하게 썰어 담그는 나박김치가 있다. 여름철에는 연한 열무나 연한 배추로 국물을 넉넉히 잡고 싱겁게 간을 하여 시원한 김치 맛을 즐긴다. 정월에는 소금으로 간을 하지 않고 간장으로 간을 맞추는 특이한 맛의 장김치도 담가 먹는다.

무를 주사위 모양으로 썰어 담근 깍두기, 잎이 달린 총각무로 담근 총각김치, 쓴맛이 독특한 씀바귀김치, 여름철에 먹는 산뜻한 오이소박이김치도 있다. 또 지방마다 특별한 재료를 가지고 김치를 담그기도 하는데 갓김치, 파김치, 가지김치, 늙은 호박지, 고추김치, 부추김치 들이다.

김치의 맛은 크게 북쪽 지방과 남쪽 지방으로 나누어진다. 평안도 이북의 추운 지방은 덜 맵고 간도 싱겁게 하는 편이고, 새우젓과 조기젓 같은 담백한 맛의 젓갈이나 어패류를 넣는다. 그에 견주어 남쪽 지방은 김치가 맵고 간을 짜게 하며, 젓갈도 멸치젓과 갈치젓같이 진한 맛이 나는 것을 쓴다.

음식에 따라 잘 어울리는 김치가 있다. 면상이나 교자상에는 나박김치나 동치미 같은 물김치와 배추김치, 오이소박이김치 같은 것이 어울린다. 설렁탕에는 물론 깍두기가 잘 어울린다. 파김치, 갓김치, 고들빼기같이 간이 센 김치는 반상차림에 적당하다.

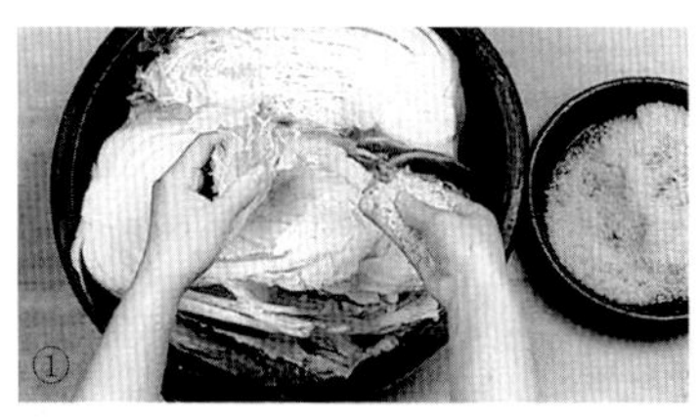

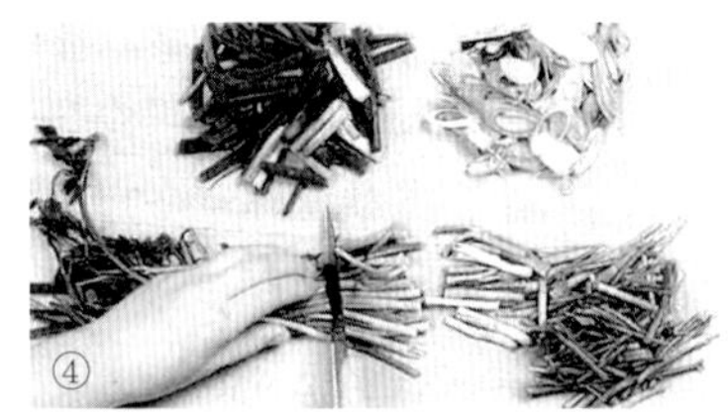

배추김치 만들기

① 배추를 소금에 절인다. ② 무를 채썬다. ③ 양념을 준비한다. ④ 미나리와 파를 썬다. ⑤ 무채, 미나리, 파, 양념을 섞어 김칫소를 만든다.

젓갈

젓갈과 장아찌는 밥을 주식으로 하는 식생활 습관에 적합한 밑반찬이며 그 특유한 감칠맛으로 김치와 더불어 우리나라 사람들이 가장 많이 즐기는 발효 식품이다.

젓갈은 우리의 역사와 더불어 전승되어 온 음식이다. 여러 가지 생선과 조개, 새우를 가지고 음식을 만드는 한편 그것들을 소금에 절여 젓갈을 만들어 먹었다.

젓갈은 그것만으로도 찬이 될 수 있고 또 김치에 넣거나 음식의 맛을 내는 조미료로도 쓰인다. 여러 가지 생선, 새우, 조개 따위를 소금으로 절여 얼마 동안 저장하면 단백질이 발효하여 분해되면서 특유한 맛과 향을 낸다. 젓갈류 가운데에서도 주로 새우젓, 조기젓, 황새기젓, 멸치젓은 김치를 담그는 데 많이 쓰인다. 찌개나 국의 간을 맞출 때에는 새우젓을 많이 쓰고, 나물을 무칠 때는 멸치젓으로 만든 멸장(멸치젓국)을 넣는데 간장만으로 간을 한 것과는 달리 독특한 맛이 있다.

서울을 포함한 중부 지방에서 북쪽으로 올라갈수록 간이 싱거워지고, 남쪽 지방으로 내려갈수록 간이 짜진다.

젓갈은 어장이나 시장에서 신선한 재료를 구입하여 집에서 담그는 것과 시판용으로 생산지에서 가공하여 담근 것으로 나눌 수 있다.

새우젓은 서해안에서 가장 많이 담가 전국으로 공급한다. 전에는 황새기젓을 많이 담갔으나 요즈음에는 경상도나 전라도에서 많이 쓰던 멸치젓이 일반화되고 있다. 동해안에서는 동태가 많이 잡히므로 명란을 모아 명란젓을 담가 찬으로 쓰고, 명태의 창자를 모아 창란젓도 만든다. 충청도 지방은 서산의 명물인 어리굴젓이 유명하다. 그밖에 오징어젓, 대구아가미젓이 찬으로 애용되며 지방에 따라 게, 전어, 볼

락어, 돔배, 토하, 낙지 들로 향토의 미각을 대표하는 젓갈을 만든다. 특히 전라도 지방에 젓갈의 종류가 가장 많다.

장아찌

장아찌는 주로 채소류를 소금에 절이거나 꾸덕꾸덕 말려서 장에 박거나 담그는 저장 식품이다.

무엇으로 간을 하느냐에 따라 간장장아찌, 된장장아찌, 고추장장아찌로 나눌 수 있다. 장아찌에 쓰는 장은 작은 항아리에 따로 덜어서 장아찌를 담글 때에만 쓰고 갈무리를 잘 해야 한다. 장아찌는 해를 묵히는 일도 있지만 대개는 그 철에 가장 흔한 재료로 담가서 다시 그 재료가 날 때까지 저장한다.

장아찌는 재료를 날로 된장에 박는 것이 가장 흔한 방법이다. 황해도와 평안도에서는 무, 애호박, 풋고추 따위를 된장에 그대로 넣는다. 서울, 경기도, 충청도에서는 무동치미로 담갔던 것을 건져서 겉의 물기를 말려 무장아찌를 박고, 오이는 오이지로 담갔던 것을 건져 겉의 물기를 거두어 고추장에 박거나 된장에 박았다가 다시 막장에 옮겨 담기도 한다. 고춧잎이나 무말랭이는 각각 따로 담그기도 하고 섞어서 담그기도 한다. 장에 담근 장아찌류는 대개 먹을 때 조금씩 꺼내 잘게 썰어 참기름, 깨소금, 고춧가루, 설탕 같은 양념을 넣고 고루 무쳐서 상에 낸다.

햇마늘이 나오는 5, 6월에는 마늘을 초에 오랫 동안 넣어 두어 삭힌 다음 간장이나 소금물에 마늘장아찌를 담근다.

특별한 장아찌로는 땡감이 많이 나는 고장에서 풋감을 고추장에 박아 만드는 장아찌와 더덕이 많은 지방에서 만드는 더덕장아찌가 있고, 서울의 대갓집에서는 전복이나 명태, 굴비를 손질하여 고추장에 박기도 하였다. 평안도에는 두부의 물기를 빼서 주머니에 넣고 고추장에 박는 두부장아찌도 있는데 이것은 절에서 잘 만든다.

술과 화채

원시 시대에는 자연적으로 얻어지는 과일로 빚은 과일주가 유일한 술이었고, 나중에 농경 시대에 들어와서 곡류가 생산되면서 곡식으로 빚은 양조주가 생겼다.

술

술은 우선 전분을 당화시킨 다음 알코올을 발효시키는 단계를 거친다. 대만이나 오끼나와에서는 젊은 여자들이 곡물을 입 안에서 씹었다고 하는데, 한반도의 부족 국가 시대에도 입 안에서 곡물을 씹어서 만든 술을 일러서 '미인주(美人酒)'라고 했다는 기록이 『지봉유설』에 나온다. 고대 중국의 『서경(書經)』에는 누룩으로 빚은 술이 '국얼'이라 적혀 있고, 한(漢)나라에서는 밀로 누룩을 만들었다.

우리나라에는 술의 기원에 관한 신화는 없으나 고구려 신화에 천제의 아들 해모수가 술을 마시고 하백의 딸 유화와 정을 통해 주몽을 잉태했다는 이야기가 있다. '위지 동이전'에도 추수를 끝내고 모든 백성이 모여 제사를 지내며 즐기던 영고(迎鼓), 동맹(東盟), 무천(舞天) 같은 행사 때에는 밤낮으로 술을 마셨다는 기록이 있다.

삼국 시대에는 술 빚는 기술이 아주 능숙해져서 중국의 서적에 우리 나라의 술에 대한 기록이 많으며, 백제의 수수보리(須須保利)는 일본에 처음으로 누룩으로 술 빚는 방법을 전했다고 한다.

고려 시대에는 약주, 탁주, 소주 같은 기본적인 술 세 가지가 나온다. 송나라 때 서궁이 쓴 『고려도경』에는 “고려의 술은 맛이 독하여 쉽게 취하고 빨리 깬다.”라고 나와 있다. 여기서 말하는 술은 누룩과 멥쌀을 함께 써서 만든 청주인 듯하다. 또 그 책은 “고려의 서민이 마시는 술은 맛이 옅고 색이 진하다.”라고도 했는데 이것은 탁주를 가리킨 것 같다. “소주는 옛날부터 있었던 것이 아니고 원(元)대에 이르러 비로소 시작된 것이다.”라고 『본초강목(本草綱目)』에 나와 있는데, 우리나라는 원의 지배를 받던 고려 시대에 소주가 전해졌다.

그 당시 소주를 빚던 법을 보면 이렇다. 먼저 큰 가마솥에 숙성된 막걸리의 술밑을 붓고 가마솥 뚜껑을 거꾸로 덮는다. 이때 솥 안에 그릇을 하나 띄워 놓고 뚜껑 손잡이가 그릇 안에 들어가게 한다. 불을 때서 술이 끓으면 솥뚜껑의 오목한 곳에 냉수를 부어 식힌다. 솥뚜껑의 꼭지가 있는 쪽은 수증기가 물방울이 되어 술 위에 띄워 놓은 그릇에 모이게 되는데, 이것이 바로 소주이다. 고려 말에 몽고군이 주둔하였던 개성, 안동, 제주도는 지금도 소주의 명산지로 유명하다. 그 밖에 고려 시대의 시문에는 이화주, 화주, 파하주, 백주, 방문주, 춘주, 천일주, 천금주 같은 술이 등장한다.

조선 시대에는 증류법이 발달하여 토고리, 동고리, 쇠고리 같은 소주고리(소주를 고는 오지그릇)가 생겼다. 또 청주는 흔히 약주(藥酒)라는 이름으로 불렸는데, 이것은 약재를 넣은 약양주(藥釀酒)는 아니다. 전해 오는 이야기에 따르면 중종 때 술을 잘 빚는 이씨 부인이 서울의 약현(藥峴)이라는 동네에 살고 있었는데 그 동네 이름을 따서 청주를 약주라고 부르게 되었다고 한다. 한편으로『임원십육지』의 '정조지'에는 "서 충정공(인조 때의 정치가 서성)이 좋은 청주를 빚었는데 그의 집이 약현에 있었기 때문에 그 집 술을 약산춘(藥山春)이라고 한다."는 이야기도 있다.

일반적으로 술을 빚는 데 쓰는 누룩은 밀이다. 약주용 누룩은 밀가루만 갖고 빚은 것으로 '분곡(粉穀)'이라 하고, 탁주용은 밀가루와 밀기울을 합하여서 빚은 것으로 '조곡(粗穀)'이라 한다. 술이 다 된 뒤에 술독에 용수를 박아서 그 안에 모이는 맑은 술을 떠낸 것을 '약주'라 한다. '탁주'는 술 항아리 위에 체를 얹고 거칠게 건져 낸 탁한 술이다. 마구 걸렀다 하여 '막걸리'라고도 부른다.

조선조 말에는 일본의 청주법이 들어와서 쌀을 원료로 술을 만들었는데 쌀의 산국(散麴)으로 빚어 맛이 다르다. 그 뒤에 1937년에 맥주 공장이 세워지고, 양주도 들어오게 되었다.

요즈음에는 가정에서 술을 빚는 것이 법률로 금지되어 있으나, 원액으로 과일이나 약재를 넣어 만드는 술은 허용하고 있다.

과일로 만드는 과실주는 계절감을 느낄 수 있고 맛이 달며 향내가 좋다. 술 담그기에 적당한 과일은 제철 과일 가운데에서 신맛이 많은 것으로 매실, 딸기, 포도, 오얏, 다래, 앵두, 사과, 모과, 유자, 문배 같은 것이 있고, 약효를 얻기 위해서는 인삼, 마늘, 솔잎, 대추, 도라지, 더덕 같은 것을 쓴다.

누룩 디디는 법과 삭임법

누룩은 술을 빚는 데 가장 중요한 것이다. 누룩을 띄우는 것은 밀기

울을 발효시키는 과정을 말한다.

누룩을 띄우는 시기는 6월 중순이 좋고, 7월 초순까지도 괜찮다. 더울 때에는 누룩을 디뎌서 마루방에 두 둘레씩 서로 맞대어 세워 놓고, 날이 서늘하면 마룻바닥에 짚방석을 깔고 서너 둘레씩 쟁여 놓은 다음 다시 위에 짚방석을 깔아 띄운다. 이때에 낮에는 햇빛을 쪼이고 밤에는 이슬을 맞히기를 여러 차례 되풀이해야 한다.

삭이는 방법은 쌀을 깨끗이 씻어 물에 담가서 이레 동안 두었다가 그 물로 밥을 지어 차게 식힌다. 분량은 쌀 한 되에 물 두 되, 누룩 한 톱의 비율이다. 술밥(지에밥)에 누룩을 넣어 빚어 두었다가 사나흘 후에 밑술로 쓴다.

차와 화채

우리의 음료 가운데에서 차게 해서 마시는 것을 두루 일컬어 '화채'라고 하고, 뜨겁게 마시는 것을 '차'라고 한다.

차

자는 원래 중국이 원산지인 차나무의 잎을 말려서 더운 물에 우려낸 것으로 녹차(綠茶), 전차(煎茶)라고 불린다. 이 밖에 수목의 열매나 과육이나 곡류도 차의 재료로 쓰고 한약재를 달여서 마시기도 한다.

우리나라는 곳곳에 달고 맑은 물이 흐르므로 차를 달이거나 술을 빚기에 적합하였다.

신라 선덕여왕 때에 차가 도입되어 불교와 함께 널리 퍼졌고, 통일신라 흥덕왕 때에 지리산의 화계동에서 차의 재배를 시작하였다.

차는 졸음을 깨게 하고 심신에 원기를 돌게 하는 따위의 효과가 있어 특히 승려와 화랑들이 수양에 이용하였다.

고려 시대에는 음차(飮茶) 풍습이 불교와 더불어 절정을 이루었다. 절에서는 차를 대는 다촌(茶村)을 만들고, 궁중에서는 차를 공급하는 관청으로 다방(茶房)을 만들었다. 특히 상류 계급에서는 일정한 격식을 갖춘 음차 풍습으로 다도(茶道)가 형성되었다. 이 다도가 예술화됨에 따라 우아한 차의 기구가 개발되어 고려청자 같은 예술품이 생겨나게 되었다.

조선 시대에는 음차 풍습이 쇠퇴하고 승려나 일부 풍류인들이 즐기거나 외국 사신의 접대용으로 겨우 명맥을 유지하였다.

녹차가 쇠퇴한 다음 무엇을 마셨는지 궁금한데, 서민의 식사 때에는 누룽지에 물을 붓고 끓인 숭늉이 있다. 숭늉은 맛은 좋지만 습관성이나 흥분성이 없어 음료로서 부족하고, 결국 농촌에서 배도 불릴겸 하여 막걸리를 상음하게 된 듯하다.

한편, 녹차 이외에 달여서 먹는 것들은 대개 한약재로서 고려 인삼을 비롯하여 구기자, 당귀, 오미자, 생강, 모과, 유자, 대추, 계피 따위를 달여서 물을 타서 마셨다.

조선조 말기에 이르러 서양에서 커피가 들어와 오늘날 가장 흔한 음료가 되었다. 그러나 최근에 차의 효능을 재인식하게 되어 차의 재배도 차츰 많아지고 다도의 보급도 활발해졌다. 차의 재배는 주로 지리산 쪽과 전남 보성의 해안 지방, 제주도에서 성하다.

화채

차게 하여 마시는 화채 가운데에는 냉수에 꿀이나 엿기름물을 타서 단맛과 향이 나도록 한 것, 한방 약재를 달여 그 물로 맛을 내는 것, 오미자를 우린 물이나 과일을 기본으로 하여 만드는 것이 있다.

겨울철에 많이 만드는 식혜는 우리나라 사람들이 가장 즐기는 찬 음료이다.

여름철에는 찹쌀이나 보리쌀을 빻아 가루로 만든 미시를 장만해 두었다가 꿀물에 타 마신다.

말린 오미자 열매를 냉수에 담가 우려낸 것을 겹체에 밭여서 설탕으로 맛을 내고 건더기로 진달래꽃과 햇보리를, 보통 때에는 배를 띄워 내놓는 화채도 있다.

또 녹말을 물에 풀어 쟁반에 부어서 중탕하여 익힌 다음 채로 썰어 오미자 국물에 띄운 '책면(창면)'이라는 것도 있고, 배를 조각 내어 통후추를 박은 다음 생강을 달인 물에 넣고 익혀 차게 식히는 '배숙'도 있다.

과일이 흔한 철에 딸기, 앵두, 수박, 유자, 복숭아 같은 것을 즙을 내어 그 위에 과일 조각을 띄우기도 한다.

궁중에서는 여러 가지 한약재를 고운 가루로 만들어 꿀에 섞어 제호탕을 만든다. 단오절에 내의원에서 만들어 임금께 진상하면 임금은 이를 기로소(耆老所)에 하사하였다. 이것을 냉수에 타서 마시면 가슴속이 시원하고 그 향기가 오래 간다고 한다.

떡과 한과

떡은 농사를 중심으로 하여 살아온 우리나라 사람들에게 빠질 수 없는 음식이다. 곡물을 주재료로 하여 만드는 떡과 한과에 대해 알아보자.

선사 시대 유물에서 시루 따위가 나오는 것으로 보아 우리나라 떡의 역사를 짐작할 만하다. 집안의 대소 경사, 명절, 제사 때에 떡이 빠지지 않는다.

떡은 만드는 법에 따라 크게 시루편과 물편으로 나눈다. 떡가루의 종류에 따라 메떡·찰떡·수수떡·좁쌀떡으로 나누고, 떡가루에 섞는 재료에 따라 쑥떡·승검초편·무떡·느티떡·상치떡으로 나누는가 하면, 고물에 따라 붉은팥떡·녹두떡·거피팥떡 따위로 나누기도 한다.

떡을 만들 때에 사용하는 기구로는 절구, 맷돌, 체, 시루, 시룻밑, 안반, 떡메, 떡살, 떡칼 같은 것이 있다.

떡의 가장 기본형은 시루에 찌는 증병(烝餠)이다. 시루에 시룻밑을 깔고 쌀가루나 찹쌀가루를 안치고 솥에 올려 증기로 쪄낸다. 가루에 다른 재료를 섞지 않고 소금과 설탕으로만 간을 한 것을 '백설기'라고 하는데, 어린아이의 백일에 반드시 마련한다. 백설기처럼 켜를 만들지 않는 것을 '무리떡'이라 한다.

멥쌀가루나 찹쌀가루에 붉은팥으로 고물을 한 팥시루떡은 가을에 고사를 지낼 때에 만들고 제사 떡은 흰팥고물이나 녹두고물을 쓴다.

떡가루에 제철의 풍성한 산물을 섞어 계절의 미각을 맛볼 수 있게 하는 별미떡도 많은데 봄에는 쑥떡과 느티떡, 여름에는 수리치떡과 상치떡, 가을에는 물호박떡을 해먹고 겨울에는 호박고지떡과 잡과병이라 하여 대추, 밤, 곶감 같은 것을 섞어서 시루떡을 만든다.

물편은 시루에 찌지 않고 가루에 물을 주어 찌거나 반죽하여 모양을 만드는 떡으로 종류가 퍽 다양하다.

기름에 지지는 떡으로 화전, 주악, 부꾸미 같은 것이 있다. 화전은 찹쌀가루를 더운 물로 익반죽하여 잘 치대어 동글납작하게 빚은 다음 번철에 기름을 두르고 지지는데 봄에는 진달래꽃, 여름에는 장미꽃, 가을에는 국화를 얹어 계절의 정취를 즐길 수 있도록 한다. 주악은 찹쌀가루를 익반죽하고 깨나 대추를 꿀로 반죽한 것을 넣고 송편 모양으로 작게 빚은 다음 기름에 튀겨 꿀이나 설탕물에 재웠다가 건져 내는 것이다. 부꾸미는 익반죽하여 안에 소를 넣고 화전처럼 기름에 지지는 떡이다.

쪄서 치는 물편의 종류도 다양하다. 인절미는 찹쌀을 불려서 시루나 찜통에 찐 다음 꺼내 곧바로 절구에 오래 친다. 그러고나서 적당한 크기로 썰어서 콩고물이나 흰팥고물을 묻힌다. 떡을 칠 때에 데친쑥을 넣어서 쑥인절미를 만들기도 한다. 절편과 개피떡은 멥쌀가루에 물을 주어 대강 버무려 낸 다음 절구에 끈기가 나도록 잘 친다. 그것을 납작하게 썰어 떡살로 문양을 낸 것이 절편이다. 개피떡은 절편처럼 친 떡을 얇게 밀어서 팥을 소로 넣고 접어서 종지 같은 작은 그릇으로 반달모양으로 만든 떡인데, 이때 공기가 많이 들어가 불룩하므로 '바람떡'이라고도 한다.

경단은 가루를 익반죽하여 끓는 물에 삶아낸 다음 콩고물이나 깨고

물 같은 것을 묻힌 것이다.

그 밖의 떡으로 송편과 단자, 봉우리떡, 약식 같은 것이 있다.

한과

한과는 곡물 가루에 꿀, 엿, 참기름, 설탕 들을 넣고 반죽하여 꽃 모양, 물고기 모양 같은 판에 박아 낸 다음 기름에 지지거나 조려서 만든 과자이다. 다른 말로 '조과(造果)'라고도 하는데, 그것은 천연물에 맛을 더하여서 만들었다는 뜻이다. 한과의 종류도 매우 다양하여 다음과 같다.

강정류 '유과(油果)'라고도 하며, 가루를 반죽하여 익힌 것을 말려서 기름에 튀긴 다음 고물을 묻힌 것이다. 모양이나 고물에 따라 빙사과, 연사과, 산자, 세반강정으로 달리 부른다.

유밀과(油蜜果) 대표적인 것이 약과로, 밀가루에 참기름·꿀·술을 넣어 반죽하여 기름에 튀긴 다음 꿀에 담근다. 모양에 따라 대약과, 다식과, 만두과, 모약과, 매작과, 차수과, 요화과 같은 것이 있다.

숙실과(熟實果) 과일을 익혔다는 뜻으로 밤, 대추를 꿀에 조려 만든 밤초, 대추초 그리고 다져서 다시 꿀로 반죽한 율란, 조란 같은 것이 있다.

과편(果片) 신맛이 나는 앵두, 모과, 살구 같은 것의 과육에 꿀을 넣어 잼처럼 조려서 묵처럼 굳힌 다음 네모지게 썬 것이다.

다식(茶食)류 곡식 가루, 한약재, 꽃가루 같은 것을 꿀로 반죽하여 덩어리가 지도록 치댄 다음 다식판에 여러 모양으로 박아 낸 것이다. 다식의 종류는 깨다식, 콩다식, 진말다식, 강분다식, 승검초다식,

용안육다식, 송화다식같이 여러 가지가 있다.

정과 '전과'라고도 하는데 유자, 모과, 생강, 도라지, 연근, 인삼 따위를 꿀이나 물엿에 졸여서 만든다.

엿강정 깨, 콩, 호두, 잣 따위를 꿀로 버무려서 굳힌 다음 알맞은 크기로 썬다.

시식과 절식, 통과 의례

다달이 있는 절기에 따른 명절 음식을 '절식'이라고 하고, 사철에 따라 나는 식품으로 만드는 음식을 '시식'이라고 한다. 또 사람이 태어나서 죽을 때까지 겪는 여러 의식 때에 하는 음식을 '통과 의례 음식'이라고 한다.

시식과 절식

우리 조상들은 예로부터 절기마다 특별한 음식을 차려 놓고 갖가지 유희와 오락을 즐기고 액을 면하는 행사를 벌였으며, 사철에 따라 나는 식품으로 음식을 만들어 먹었다.

정월 초하루 이른 아침에 설빔으로 단장하고 조상에게 차례를 지낸 다음 어른들께 세배를 드린다. 어른들은 세배 온 손님에게 떡국을 중심으로 한 세찬상을 낸다. 이때 만두, 약식, 식혜, 수정과 같은 것도 준비한다.

입춘날 이날에는 '오신반(五辛盤)'이라 하여 움파, 산갓, 당귀싹, 미나리싹, 무의 다섯 가지 햇나물을 생채로 만들어 봄의 미각을 돋웠다.

정월 대보름 음력 정월 14일 저녁에는 오곡밥을 지어 김이나 취

나물로 쌈을 싸먹고, 묵은 나물 아홉 가지를 무쳐서 먹는다. 『삼국사기』에는 신라 소지왕 때 약식도 만들어 먹었다는 기록이 있다. 보름날 아침에는 부럼이라 하여 껍질이 단단한 밤, 잣, 호두, 땅콩 같은 것을 깨물면 부스럼이 생기지 않는다고 믿었다. 아침 상에서 '귀밝이 술'이라는 것을 마시기도 했다.

중화절 음력 2월 초하루에는 매달아 두었던 이삭을 내려 송편을 빚어서 노비들에게 나이 수대로 나누어 주었다. 농사일을 시작하기에 앞서 일하는 사람들을 위로하고 격려하려는 뜻에서 생겨난 것이다.

중삼절 3월이 되면 봄이 완연하여 들이나 산에 나가서 꽃을 따다가 화전을 부쳐 먹었다. 봄에는 새로운 별미들을 맛볼 수 있는데, 청포묵으로 만든 탕평채, 쑥떡, 화면, 진달래화채 같은 것을 만들어 풍류를 즐겼다.

사월 초파일 석가 탄신일로 불교가 융성하던 신라와 고려 시대부터 계속되는 풍속이다. 집집마다 연등을 달고 느티떡, 미나리강회, 콩볶음 같은 소찬으로 손님을 대접한다. 절식으로 쑥편, 녹두편, 웅어회 같은 것을 만들어 나누어 먹었다.

오월 단오 '수릿날'이라고도 하는데, 이날에는 수리치로 절편을 만들어 먹었다. 절식으로 증편, 어만두, 어채, 준치국, 붕어찜 같은 것을 차린다.

유월 유두 신라 시대부터 성행한 풍속으로, 동쪽으로 흐르는 물에 머리를 감아 재난을 푼 다음 음식을 차려 물놀이를 하였다고 한다. 절식으로 떡수단, 보리수단, 유두면, 편수 같은 것이 있다.

삼복 절식 여름철 가장 더울 때에 초복, 중복, 말복의 삼복이 열흘 간격으로 있는데 이날은 개장국을 끓여 먹기도 하고 육개장, 계삼탕, 임자수탕(깻국), 민어탕을 끓인다. 시식으로는 햇밀가루로 칼국수, 편수 같은 것을 만든다.

칠월 칠석 이날에는 밀전병, 밀국수, 증편, 개피떡, 복숭아 화채, 잉어구이 같은 것을 먹는다.

팔월 한가위 우리나라 사람들에게 가장 큰 명절인 추석에는 새 옷을 해 입고 햇곡식으로 송편을 빚으며, 밤·대추·감 같은 햇과일을 마련하여 조상에게 차례를 지내고 성묘를 한다. 또 달맞이도 하고 씨름도 즐겼다. 절식으로는 송편, 토란탕, 화양적, 닭찜, 송이산적, 송이찜을 만들고 햇밤과 햇대추로 율란, 조란, 밤초, 대추초 같은 숙실과도 만든다.

구월 중구 아홉 자가 겹쳤다 하여 '중구일(重九日)' 또는 '중양절'이라 하며 이날 성묘를 한다. 절식으로는 국화전, 밤단자, 국화주 같은 것을 만든다.

시월 무오일 마굿간에서 고사를 지내고 집안 고사를 지낸다.

절식으로는 무시루떡, 무오병, 신선로, 감국전, 유자화채, 전골 같은 것이 있다.

십일월 동지 낮의 길이가 가장 짧은 이날에는 팥죽을 쑤어 재앙을 쫓는다. 팥죽에는 찹쌀가루로 새알심을 빚어 넣고 끓여서 나이 수만큼 먹는다. 이 팥죽은 귀신을 쫓는다 하여 장독대와 대문에 뿌리기도 한다.

선달 그믐날 섣달 그믐날에는 여러 가지 나물을 섞은 골동반(비빔밥)을 만들고 만두 전골, 정과, 주악, 식혜, 장김치, 수정과 같은 것을 만들어 먹는다. 궁중에서는 동지 다음 세 번째 미일(未日)을 납(臘)일로 하여 사직에 큰 제를 지냈는데, 이때 산토끼나 산돼지를 제육으로 썼다. 이 육류로 전골을 만들어 절식으로 하였는데, 이것은 겨울철의 보신을 위해서였던 것 같다.

통과 의례와 음식

사람은 태어나서 죽을 때까지 여러 고비를 넘긴다. 이때 행하는 의식을 '통과 의례(通過儀禮)'라 하고 음식을 갖추어서 의례를 지킨다.

탄생, 삼칠일과 백일, 첫돌, 관례, 혼례, 회갑례, 고희례, 회혼례, 상례, 제례로 이어지며 한 사람의 평생에서 열 번이 넘는 의식을 갖는다. 동양에서는 관례, 혼례, 상례, 제례를 사례(四禮)로 친다.

출산 전후 아기를 갖게 되면 산모와 가족들은 여러 가지 일에서 조심을 하게 되고, 해산 쌀과 해산 미역을 준비한다. 산기가 있으면 산실에 삼신상을 차려 놓고 아기가 무사히 태어나기를 빈다. 삼신상에는 백미와 긴 미역을 꺾지 않고 그대로 놓고 깨끗한 물을 놓는다. 아기를 낳으면 준비한 해산 쌀로 밥을 지어 세 그릇을 담고 미역국도 끓여서 세 그릇을 담은 다음 삼신에게 감사하고 산모에게 첫 국밥을 먹인다.

삼칠일 아기가 태어나서 첫 이레, 두 이레, 세 이레가 지나면 모든 금기를 풀고 일가 친척을 불러서 새로 태어난 아기를 선보인다. 이때에는 흰밥에 미역국과 나물을 마련한다.

백일 아기가 태어난 지 백일이 되면 흰무리를 쪄서 이웃에 두루 돌리고 축하를 해 준다. 아기의 몸과 마음이 깨끗하기를 기원하는 뜻이다. 또 액을 면하는 뜻에서 붉은수수팥단지를 만든다.

첫돌 아기가 태어나서 만으로 한 해가 되는 날을 첫돌이라 하여 돌상을 차려 주고 돌잡이를 시키고, 손님을 초대하여 축하를 해준다. 아이가 장수하고 자손이 번성하며 다재다복하기를 기원한다. 돌이 지나도 해마다 생일에는 미역국과 흰밥을 해서 축하해 준다.

돌상에는 백설기와 수수경단을 만들어 놓는다. 무명실과 국수는 장수를 위해서, 쌀은 먹을 복, 대추는 자손 번영, 종이와 붓과 책은 학문이 탁월하기를 바라는 뜻에서 역시 상에 놓는다. 또 남아의 돌상에는 활을 놓아 용감하고 무술이 능하기를 기원하고, 여아는 돌상에 자와 청홍실을 놓아 바느질에 능하기를 기원한다.

돌잡이의 옷은, 남아는 풍차바지와 저고리를 입히고 복건을 씌우며, 여아는 다홍치마에 색동저고리를 입히고 조바위를 씌워 정장을 시킨다. 돌상 앞에 무명필을 놓고 그것을 방석 삼아 아기를 앉혀 놓고 돌을 잡힌다. 상 위의 물건이나 음식 가운데 무엇을 먼저 잡느냐에 따라 아기의 장래를 점치며 기뻐한다.

돌상을 차리는 풍습은 지금도 어느 가정에나 남아 있지만 혼례나 회갑상처럼 과일과 음식을 고이는 일은 없었다. 간단히 과실과 떡 그리고 물건들만 차렸다.

관례 아기가 자라 성인이 되면 관례를 치르는데 이를 '성인식'이라 한다. 전에는 남자 20세, 여자 15세가 되면 성인 대접을 받았다. 주례자가 성인이 되는 것과 벼슬을 하는 것을 가르치고, 식이 끝나면 사당에 고하고 술잔을 올린다.

혼례 혼례 때에 신부집에서 신랑 신부가 상견례를 할 때 차리는 상을 혼례상이라 하는데, 교배(交拜)상이라고도 한다. 이때에 쓰는 상은 다리가 높은 상으로, 상 위에는 소나무와 대 또는 사철나무 한 쌍을 병에 꽂아 놓는다. 양푼에 목화씨를 담고 여기에 꽂는 경우도 있다. 청색, 홍색의 초 한 쌍을 양쪽에 켜고 암닭과 수닭 산 것을 홍색 보자기에 싸서 상 끝에 올려 놓거나 사람이 안고 서 있는다.

음식은 과실로는 밤, 대추, 곶감 또는 사과, 배 같은 것을 차리고 육포도 놓는다. 곡식으로는 쌀, 콩, 팥 같은 것을 놓는다. 닭 대신에 숭어를 한 쌍 놓기도 한다.

혼례가 끝나면 신랑 신부에게 고배상(高拜床)을 차려 축하해 준다.

손님에게는 국수장국을 대접한다.

폐백은 신부가 신랑의 부모님께 인사를 드리고 처음으로 드리는 음식으로 내용은 가풍이나 지방에 따라 다르다. 서울 지방은 대개 대추와 쇠고기와 편포로 하고, 편포 대신에 통닭을 쪄서 쓰기도 한다. 쟁반에 포를 담고 청·홍 색지로 실을 두르고, 다른 그릇에는 대추를 다홍실에 쭉 이어서 꿰어 둥글게 돌려 담는다. 청보와 홍보로 각기 싸서 묶지 않고 '근봉'이라 쓴 띠를 굵은 고리로 하여 끼운다.

회갑 육십 세가 되면 자손들은 과실, 떡, 과자 같은 것으로 고배상을 차리고 헌주하고, 손님에게는 국수장국을 대접한다. 부모도 따로 국수장국상(임매상)을 받는다.

진갑이라 하여 만 칠십 세 때도 축하연을 한다.

회혼례 혼인하여 육십 년을 해로한 날에 자손들이 헌주하고 잔치를 베풀어 축하한다.

상례 부모가 수를 다하여 돌아가시면 사자밥을 해 놓고 혼을 불러들여 복을 하고 발상이라 하여 곡도 한다. 호상을 정하여 모든 절차를 밟고 부고를 내고 망인을 모신다. 혼상에는 주라포를 차려 놓고 조상을 받는다. 예전에는 상식이라 하여 조석으로 밥상을 차려 만 이태를 올렸다.

제례 소상, 대상이 지나면 해마다 죽기 전날을 제삿날로 정하여 제상을 차려 놓고 고인을 기린다. 소상, 대상은 크게 차리나 기제사는 사대조까지 모시며 간소하게 차린다.

제기는 보통 그릇과는 달리 굽이 높다. 음식의 재료도 작게 썰지 않고 통으로 하고, 양념도 진하게 하지 않는다.

주, 과, 포, 탕, 적, 혜, 채소, 침채, 청장, 편을 각기 정해진 제기에 담아 놓는데 위치는 가풍이나 지방에 따라 조금씩 다르다.

식사 예법

우리나라는 동방예의지국이라 불릴 만큼 예절을 중시하여 왔다. 유교의 가르침을 바탕으로 음식 먹는 예절도 엄하게 지켜 왔는데 『예기(禮記)』에도 "대체로 예(禮)의 기초는 음식에서 비롯되었다."고 하여 먹는 일에 관한 예절을 옷을 입거나 다른 어떤 살아가는 예절보다 앞서서 일깨웠다.

우리 음식을 대접할 때에는 예전에는 반드시 혼자 먹을 수 있도록 외상 차림이 원칙이었으나 차츰 겸상, 두레반 형식으로 바뀌고, 잔치나 손님 접대 때에는 교자상 차림을 하게 되었다. 대접하는 사람과 먹는 사람이 지켜야 할 예의가 있고, 반상과 교자상에 따라 예법이 다르나 기본 마음 자세는 같다.

음식을 만드는 사람은 정성을 다하여 만들고 손님이 편안하게 먹을 수 있게 끝까지 잘 보살피고, 대접 받는 사람은 고마운 마음으로 잘 먹고 감사 인사를 잊지 말아야 한다. 음식을 먹을 때에는 옷차림이 단정하고 몸가짐이 의젓하고 자연스러워야 하고, 큰 소리를 내거나 음식 먹는 소리를 내는 것은 예의에 어긋난다.

웃어른과 같이 식사를 할 때에는 어른보다 나중에 수저를 들고, 먹고 나서도 먼저 자리를 뜨지 말아야 한다. 사정이 있을 때에는 양해를 구하고 자리를 비키도록 한다.

빛깔있는 책들 201-1

전통 음식

초판 1쇄 발행 | 1989년 5월 15일
초판 11쇄 발행 | 2021년 12월 30일

글·사진 | 한복진

발행인 | 김남석
발행처 | ㈜대원사
주 소 | 06342 서울시 강남구 양재대로 55길 37, 302
전 화 | (02)757-6711, 6717~9
팩시밀리 | (02)775-8043
등록번호 | 제3-191호
홈페이지 | http://www.daewonsa.co.kr

값 11,000원

Daewonsa Publishing Co., Ltd
Printed in Korea 2021

ISBN | 89-369-0060-9 00590
978-89-369-0000-7 (세트)

빛깔있는 책들

민속(분류번호:101)

1 짚문화　2 유기　3 소반　4 민속놀이(개정판)　5 전통 매듭
6 전통 자수　7 복식　8 팔도 굿　9 제주 성읍 마을　10 조상 제례
11 한국의 배　12 한국의 춤　13 전통 부채　14 우리 옛 악기　15 솟대
16 전통 상례　17 농기구　18 옛 다리　19 장승과 벅수　106 옹기
111 풀문화　112 한국의 무속　120 탈춤　121 동신당　129 안동 하회 마을
140 풍수지리　149 탈　158 서낭당　159 전통 목가구　165 전통 문양
169 옛 안경과 안경집　187 종이 공예 문화　195 한국의 부엌　201 전통 옷감　209 한국의 화폐
210 한국의 풍어제　270 한국의 벽사부적　279 제주 해녀　280 제주 돌담

고미술(분류번호:102)

20 한옥의 조형　21 꽃담　22 문방사우　23 고인쇄　24 수원 화성
25 한국의 정자　26 벼루　27 조선 기와　28 안압지　29 한국의 옛 조경
30 전각　31 분청사기　32 창덕궁　33 장석과 자물쇠　34 종묘와 사직
35 비원　36 옛책　37 고분　38 서양 고지도와 한국　39 단청
102 창경궁　103 한국의 누　104 조선 백자　107 한국의 궁궐　108 덕수궁
109 한국의 성곽　113 한국의 서원　116 토우　122 옛기와　125 고분 유물
136 석등　147 민화　152 북한산성　164 풍속화(하나)　167 궁중 유물(하나)
168 궁중 유물(둘)　176 전통 과학 건축　177 풍속화(둘)　198 옛 궁궐 그림　200 고려 청자
216 산신도　219 경복궁　222 서원 건축　225 한국의 암각화　226 우리 옛 도자기
227 옛 전돌　229 우리 옛 질그릇　232 소쇄원　235 한국의 향교　239 청동기 문화
243 한국의 황제　245 한국의 읍성　248 전통 장신구　250 전통 남자 장신구　258 별전
259 나전공예

불교 문화(분류번호:103)

40 불상　41 사원 건축　42 범종　43 석불　44 옛절터
45 경주 남산(하나)　46 경주 남산(둘)　47 석탑　48 사리구　49 요사채
50 불화　51 괘불　52 신장상　53 보살상　54 사경
55 불교 목공예　56 부도　57 불화 그리기　58 고승 진영　59 미륵불
101 마애불　110 통도사　117 영산재　119 지옥도　123 산사의 하루
124 반가사유상　127 불국사　132 금동불　135 만다라　145 해인사
150 송광사　154 범어사　155 대흥사　156 법주사　157 운주사
171 부석사　178 철불　180 불교 의식구　220 전탑　221 마곡사
230 갑사와 동학사　236 선암사　237 금산사　240 수덕사　241 화엄사
244 다비와 사리　249 선운사　255 한국의 가사　272 청평사

음식 일반(분류번호:201)

60 전통 음식　61 팔도 음식　62 떡과 과자　63 겨울 음식　64 봄가을 음식
65 여름 음식　66 명절 음식　166 궁중음식과 서울음식　207 통과 의례 음식
214 제주도 음식　215 김치　253 장醬　273 밑반찬

건강 식품(분류번호:202)

105 민간 요법　181 전통 건강 음료

즐거운 생활(분류번호:203)

67 다도　68 서예　69 도예　70 동양란 가꾸기　71 분재
72 수석　73 칵테일　74 인테리어 디자인　75 낚시　76 봄가을 한복
77 겨울 한복　78 여름 한복　79 집 꾸미기　80 방과 부엌 꾸미기　81 거실 꾸미기
82 색지 공예　83 신비의 우주　84 실내 원예　85 오디오　114 관상학
115 수상학　134 애견 기르기　138 한국 춘란 가꾸기　139 사진 입문　172 현대 무용 감상법
179 오페라 감상법　192 연극 감상법　193 발레 감상법　205 쪽물들이기　211 뮤지컬 감상법
213 풍경 사진 입문　223 서양 고전음악 감상법　251 와인(개정판)　254 전통주
269 커피　274 보석과 주얼리

건강 생활(분류번호:204)

86 요가　87 볼링　88 골프　89 생활 체조　90 5분 체조
91 기공　92 태극권　133 단전 호흡　162 택견　199 태권도
247 씨름　278 국궁

한국의 자연(분류번호:301)

93 집에서 기르는 야생화　94 약이 되는 야생초　95 약용 식물　96 한국의 동굴
97 한국의 텃새　98 한국의 철새　99 한강　100 한국의 곤충　118 고산 식물
126 한국의 호수　128 민물고기　137 야생 동물　141 북한산　142 지리산
143 한라산　144 설악산　151 한국의 토종개　153 강화도　173 속리산
174 울릉도　175 소나무　182 독도　183 오대산　184 한국의 자생란
186 계룡산　188 쉽게 구할 수 있는 염료 식물　189 한국의 외래 · 귀화 식물
190 백두산　197 화석　202 월출산　203 해양 생물　206 한국의 버섯
208 한국의 약수　212 주왕산　217 홍도와 흑산도　218 한국의 갯벌　224 한국의 나비
233 동강　234 대나무　238 한국의 샘물　246 백두고원　256 거문도와 백도
257 거제도　277 순천만

미술 일반(분류번호:401)

130 한국화 감상법　131 서양화 감상법　146 문자도　148 추상화 감상법　160 중국화 감상법
161 행위 예술 감상법　163 민화 그리기　170 설치 미술 감상법　185 판화 감상법
191 근대 수묵 채색화 감상법　194 옛 그림 감상법　196 근대 유화 감상법　204 무대 미술 감상법
228 서예 감상법　231 일본화 감상법　242 사군자 감상법　271 조각 감상법

역사(분류번호:501)

252 신문　260 부여 장정마을　261 연기 솔올마을　262 태안 개미목마을　263 아산 외암마을
264 보령 원산도　265 당진 합덕마을　266 금산 불이마을　267 논산 병사마을　268 홍성 독배마을
275 만화　276 전주한옥마을　281 태극기　282 고인돌